ABC DAS LAJES EM BALANÇO

Blucher

Manoel Henrique Campos Botelho

ABC
DAS LAJES EM BALANÇO

ABC das lajes em balanço
© 2022 Manoel Henrique Campos Botelho
Editora Edgard Blücher Ltda.

Publisher Edgard Blucher
Editor Eduardo Blucher
Coordenação editorial Jonatas Eliakim
Produção editorial Thais Costa
Preparação de texto Maurício Katawama
Diagramação Villa d'Artes
Revisão de texto Évia Yasumaru
Capa Leandro Cunha
Imagem da capa Istok

Blucher

Rua Pedroso Alvarenga, 1245, 4º andar
04531-012 - São Paulo - SP - Brasil
Tel.: 55 (11) 3078-5366
contato@blucher.com.br
www.blucher.com.br

Segundo o Novo Acordo Ortográfico, conforme 5. ed. do *Vocabulário Ortográfico da Língua Portuguesa*, Academia Brasileira de Letras, março de 2009.

Dados Internacionais de Catalogação na Publicação (CIP)
Angélica Ilacqua CRB-8/7057

Botelho, Manoel Henrique Campos
ABC das lajes em balanço / Manoel Henrique Campos Botelho. - São Paulo : Blucher, 2022.
104 p.

Bibliografia
ISBN 978-65-5506-429-2

1. Engenharia civil 2. Lajes I. Título

22-4542 CDD 624

Índice para catálogo sistemático:
1. Engenharia civil

Conteúdo

O Eng° Alcebíades conta segredos e mistérios das lajes em balanço, que às vezes têm que ser dimensionadas com seis, ele falou seis coeficientes de segurança. Tudo de acordo com a NBR n° 6.118 (2014). Acredite se quiser... Este texto explica isso.

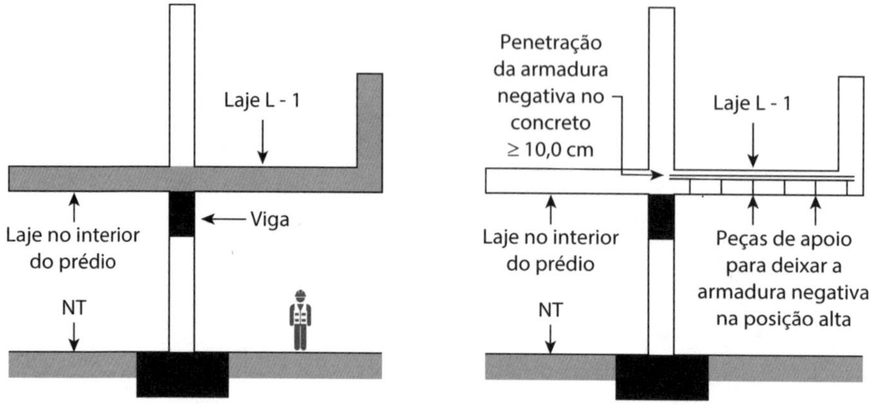

Cortes funcionais de laje em balanço

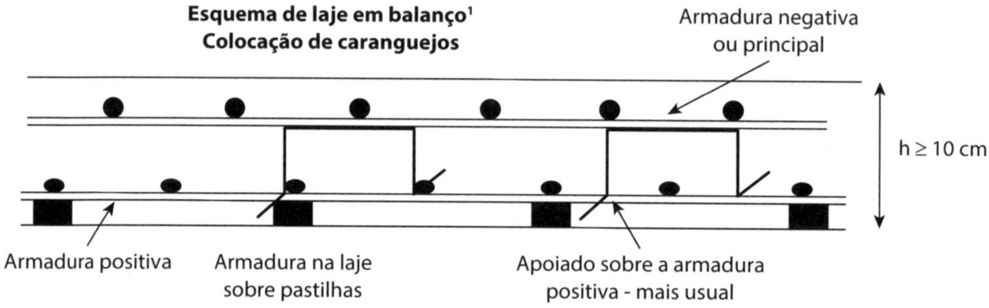

[1] Vejamos os dois sinônimos: laje em balanço = laje marquise.

1. Apresentação das lajes em balanço

Nota do autor

As **lajes em balanço** são assim denominadas pela norma NBR 6.118 da ABNT, no passado eram chamadas de **lajes marquises**. As lajes em balanço são, pela classificação dessa norma, as lajes que têm ligação estrutural por um único engastamento a uma laje interna de uma edificação. O lado oposto a esse engastamento é um balanço, ou seja, não tem apoio. Reiteramos: nessas lajes não existe outro apoio, somente um.

As lajes marquises (antiga denominação para certas lajes em balanço) eram muito construídas em prédios comerciais para proteger os pedestres do sol e da chuva. Em muitos prédios de apartamentos ou mesmo de residências, as lajes em balanços são usadas para permitir o acesso protegido das intempéries, de pessoas que irão entrar no prédio ou que simplesmente passam na rua.

Fotografia de laje em balanço, denominada anteriormente por laje marquise.
Como detalhe podemos citar os buzinotes (drenos).

Têm ocorrido muitos desastres em lajes em balanço ou por erros de projeto, ou por erros de obra, ou ainda por erros de uso, por exemplo, a colocação de grandes cargas sobre essas lajes, ou ainda por falta de manutenção. Lajes em balanço exigem manutenção, ao contrário de outras partes das estruturas de concreto armado, que geralmente prescindem dessa manutenção.

A principal armadura das lajes em balanço é a chamada armadura alta, com uma infeliz denominação de "armadura negativa". Essa expressão nada tem a ver com um conceito algébrico. É tão somente uma expressão de "armadura em posição alta".

A seguir, exemplos visuais (fotografias) de laje em balanço ligada estruturalmente a uma laje maciça no interior de um prédio.

Laje em balanço com guarda-corpo (também chamado de parapeito); nesse caso a área é denominada de sacada. O guarda-corpo é um dispositivo de segurança, não da estrutura, mas sim dos usuários da laje

Visão da sacada por um novo ângulo; notem que o pilar ou coluna existente está situado diretamente abaixo da construção existente acima da laje, não significando necessariamente que esteja sustentando a laje em balanço, mas que a estrutura superior do sobrado não está alinhada com a inferior

A laje em balanço tem apenas uma borda ligada estruturalmente à estrutura de um prédio, **especificamente no nosso caso ligada a uma laje maciça interna desse prédio**. Esse é o perigo, pois, se ela tem somente essa ligação, com o tempo ou com o mau uso ou ainda pela falta de manutenção, essa ligação estrutural pode falhar, provocando a queda da laje, acidentando quem esteja em cima ou abaixo dela.

Procura-se neste texto orientar as prefeituras e os profissionais, sobre os cuidados que devemos tomar ao executar esse tipo de laje. Entendam-se cuidados como exigências para o projeto, construção, uso e posterior manutenção.

O autor muito consultou o livro *Manual do construtor* (Vol. II), do Prof. Eng. João Baptista Pianca, mestre de gerações de engenheiros e arquitetos no Rio Grande do Sul. A editora também era gaúcha, Editora Globo, e a edição consultada foi a do ano de 1968. O autor também consultou, à larga, as apostilas do Prof. Eng. Mario Massaro Jr., de quem o autor, MHCB, foi discípulo.

Neste texto falaremos de lajes em balanço construídas de concreto armado, ligadas estruturalmente a lajes internas de um prédio. O formato em planta dessas lajes pode ser variado, embora a maioria delas tenha o formato retangular em planta. Em edificações suntuosas, o formato em planta pode ser qualquer um.

Normalmente as espessuras de lajes em balanço podem ser constantes ou variáveis. Neste livro procuraremos trabalhar com lajes em balanço, de espessura constante e com formato em planta retangular. Esses são os casos esmagadoramente mais comuns.

Deve-se observar que a laje em balanço é uma estrutura isostática, ou seja, ela tem o mínimo possível de vínculos (um só). Basta que esse vínculo único se rompa para que toda a estrutura da laje se destrua, com possíveis danos aos objetos ou a quem esteja em cima ou abaixo dela.

As lajes em balanço têm dois tipos de armadura, a saber:

- Armadura alta (chamada de armadura negativa), que é a principal e que resulta de um cálculo dimensional.
- Armadura também alta e chamada de armadura de apoio ou de distribuição que recebe o peso da armadura negativa (armadura alta). Essa armadura de disposição garante a integridade estrutural de toda a laje, ao longo de seu comprimento, que pode ser qualquer e sem limitação de comprimento.

Falemos agora da norma ABNT NBR 6.118-2014 – que regula cuidadosamente o dimensionamento de lajes em balanço. Ver o item 13.2.4.1 da citada norma. Essa norma impõe cuidados, originados com experiências traumáticas de lajes em balanço. Exigências da norma:

- espessura mínima (10 cm);
- coeficientes de ponderação específicos, e, por mais incrível que possa parecer, eles podem chegar a ser seis.

– Desenho Fantasmagórico

O principal objetivo deste texto é servir a engenheiros, arquitetos e tecnólogos jovens.

O autor agradece ao Engenheiro Alcebíades, engenheiro civil aposentado e com grande experiência municipal, tudo o que ele lhe ensinou. Este é um texto botelhano, ou seja, um texto ABC, tentativamente didático, prático e objetivo. Se os colegas leitores tiverem experiências adicionais sobre o assunto, solicitamos que nos enviem e, se usadas, daremos créditos da colaboração.

O autor, **Eng. Manoel Henrique Campos Botelho**, deseja uma boa leitura e que mantenhamos contato (**e-mail: manoelbotelho@terra.com.br**).

Nota de Ênfase

Têm ocorrido muitos desastres com mortes, danos pessoais e danos ao patrimônio, causados por ruptura e desmoronamento em **lajes em balanço**. As causas dos acidentes podem ser por:

- **erro ou deficiência de projeto das lajes em balanço;**
- **deficiências de construção;**
- **falta de manutenção;**
- **uso incorreto das lajes em balanço recebendo cargas não previstas (chamemos de cargas extras heterodoxas sobre elas);**
- **desgraçadamente, alguns colapsos nessas lajes ocorrem sem dar prévios avisos.**

O autor recebeu dos colegas listados a seguir comentários e sugestões. Como não tive oportunidade, nesta primeira edição, de colocar todos os comentários recebidos, declaro que somente o autor é o responsável pela presente revisão do texto.

Destaco com respeito e admiração a contribuição do Eng. Cicero Catalano, pelo ineditismo dos seus comentários. Pondera o Eng. Cicero que muitos erros em obras de concreto armado resultam da pobreza e deficiências dos desenhos estruturais. Entende o Eng. Cicero que as faculdades e escolas ligadas à construção civil deveriam dedicar mais tempo ao assunto “desenhos estruturais”. Sabidamente, por vezes ocorrem erros e omissões, terríveis omissões em desenhos estruturais, que causam maiores problemas do que certos erros de dimensionamento.

Notar que há omissão em normas e livros sobre o assunto “amarração com o arame 18”. O arame 18 (que na verdade é rejeitado, desde sua denominação, pois o arame 18 é um tipo de aço) quase sempre é esquecido na literatura e em desenhos e especificações de concreto armado. Em face disso, sugerimos ler o capítulo 11 deste trabalho, com uma historieta atribuída ao poeta inglês William Shakespeare.

Apresentamos uma pequena listagem de colegas engenheiros que colaboraram com este texto:

- Cicero Catalano;
- Jose Miranda Filho;
- Geraldo de Andrade Ribeiro Jr.;
- Nelson Newton Ferraz;
- Paulo Inocêncio.

E o Mestre Eng. Alcebíades, mestre dos mestres de obras municipais, inclusas aí as lajes em balanço. Ao conversarmos com o Eng. Alcebíades, ele sempre chama as lajes em balanço (expressão oficial) da velha expressão de lajes marquises. Tudo uma questão de sinonímia.

Bem planejar para isto não acontecer jamais

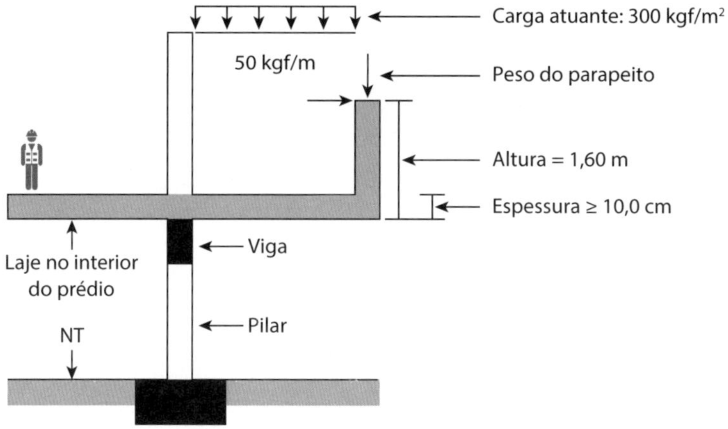

Corte

Dados genéricos de uma laje em balanço

O leitor deste livro notará que o autor repete, repete e repete conceitos e cuidados a tomar. Isso porque a não observância desses alertas pode levar a acidentes e até em mortes de seres humanos, usuários e de pessoas que ficam debaixo dessas lajes.

2. Colaborações de colegas

Colaboração nº 1 do Eng. Geraldo de Andrade Ribeiro Jr.

Caso nº 1: Projetos

Muitos projetos de laje em balanço preveem os esforços usuais, prescritos em normas, mas podem acontecer casos de sobrecarga de peso sobre lajes em balanço devido a:

a) Anúncios com placas, colocação de aparelhos de ar-condicionado que são agravados em sua periculosidade por se localizar na borda das lajes etc.

b) Erro de projeto (a ferragem é invertida no apoio), o que nem sempre ocorre, além de não se detalhar este item na planta. O mestre de obras ou armador tem experiência e a ideia fixa de que o ferro principal é embaixo (viga, laje etc.), mas na laje em balanço isso é invertido, o que eventualmente pode acabar passando despercebido. Esta situação já foi vista por mim umas cinco vezes pelo menos, felizmente a tempo de corrigir. Como os desenhos atualmente são digitais, a falta da presença física do papel, do velho e bom projeto, faz com que isso passe cada vez mais despercebido e não verificado.

c) Impermeabilização: sempre que a impermeabilização original começa a se deteriorar, o que ocorre quase sempre com o passar do tempo, troca-se a impermeabilização, mas a troca implica demolir a antiga, o que dá trabalho, faz barulho, gera sobrecarga pontual na laje em balanço, gera entulho, enfim, gera custos e problemas adicionais. Daí parte-se para as seguintes situações:

   c1) Passa-se apenas uma fina pintura e logo o problema retorna – consegue-se resolver por alguns meses, mas ele retorna após pouco tempo.

   c2) Aplica-se outra manta impermeabilizante sobre a original, resolvendo por alguns anos, mas gerando sobrecarga na laje em balanço, sem se considerar que poderá ser ainda mais agravada por entupimentos da saída de água, o que tratarei a seguir.

d) Em muitos casos, a impermeabilização se dá apenas com a aplicação de uma pintura com um produto utilizado em obras simples, mais baratas ou, onde se deseja uma impermeabilização, se aplica apenas pintura com um produto comercial que tenha muita propaganda.

e) Em casas populares ou obras simples, nem mesmo se impermeabiliza com manta, utilizando-se pintura com um impermeabilizante.

f) Veja, então, a progressão da falta de cuidados e a consequente progressão da deterioração e comprometimento das lajes em balanço:

A fotografia mostra o início da deterioração do revestimento da laje em balanço, devido provavelmente à infiltração de água. E verifiquem que essa laje corretamente tem buzinotes (tubinhos que expulsam águas pluviais). Esses buzinotes estarão desentupidos?

Caso nº 2: Execução

a) O escoramento de uma laje em balanço é diferenciado em relação a uma laje convencional, bem como a sua retirada. Nem sempre os profissionais se lembram disso.

b) 99% das lajes em balanço têm um friso na borda, para evitar o escorrimento da água e estrago em sua pintura lateral e da parede inferior. Com isso, forma-se uma piscininha, com sobrecarga, mas não se dá o caimento correto para o ponto de deságue. Além disso, não se limpa a laje (fuligem, folhas etc.). Lajes em balanço exigem manutenção periódica e, na região central da cidade de São Paulo, esta periodicidade deveria ser mensal. Exemplo disso são os prédios onde morei e ainda moro, próximos ao centro da cidade, e das dezenas de prédios centrais de que tomei conta ou que vistoriei ao longo da vida.

Caso nº 3: Acúmulo de água

O que derruba a laje em balanço: em muitos casos é o acúmulo de água, pois o buzinote (ou canalização) pode às vezes entupir em trinta dias gerando sobrecarga, quando se acumulam sobre a laje água, folhas etc. Após algum tempo, a impermeabilização (que tem um período limitado de vida útil) começa a se deteriorar, o que se agrava pelo acima exposto. Após certo tempo aparecem trincas na junção com a parede e/ou viga de apoio, daí ocorre a infiltração de água, corroendo a ferragem etc. e tal. Se a ferragem não estiver corretamente posicionada, o problema agrava-se e o processo se acelera.

Problemas com as lajes em balanço são **MUITO** mais comuns do que se imagina, e jamais o mundo da construção civil tomou os cuidados necessários, nem dá a devida importância a isso.

Colaboração nº 2 do colega Eng. Cícero Catalano (colaboração verbal)

Erro de posição da armadura, mais catastrófico que erro de dimensionamento

O colega Eng. Cícero estava fazendo uma obra numa cidade grande quando viu numa obra próxima a construção de uma laje em balanço, mas com a armadura principal em posição baixa, ou seja, armadura na chamada posição positiva. O engenheiro responsável da obra foi alertado pelo Eng. Cícero da ocorrência desse erro capital. Infelizmente houve uma ação errada do executor, que, para não demolir o que tinha feito, respondeu que tinha usado armadura com diâmetro bem maior que o diâmetro usual (!!!!!!!) (o que será diâmetro usual[1]?????). Esse construtor não alterou a obra colocando, como seria o correto, a armadura em posição alta ou na chamada posição negativa.

A obra, como era esperado, caiu, felizmente sem danos às pessoas.

Colaboração nº 3 do Eng. Nelson Newton Ferraz

O Eng. Nelson Newton Ferraz fez vários comentários ao longo da produção deste texto, inclusos aí detalhes da mureta de proteção guarda-corpo e a questão da declividade da laje, favorecendo o encaminhamento das águas de chuva para os buzinotes.[2] Destacou o Eng. Nelson que a estrutura de concreto armado da laje em balanço deve ter declividade nula. A declividade muito útil para o escoamento das águas pluviais deve ser feita pela argamassa, de cimento e areia da ordem de 1%. E os cantos de encontro da laje com a mureta devem ser arredondados, expulsando águas pluviais.

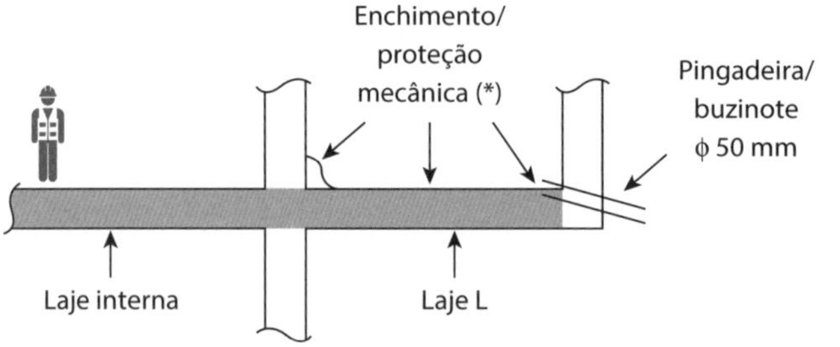

Corte esquemático de laje em balanço: executar (*) a proteção mecânica com argamassa sobre camada de produto impermeabilizante ou manta de impermeabilização

Colaboração nº 4 do Eng. Paulo Roberto S. Inocêncio

Uma laje em balanço, para possuir um bom resultado em sua construção, depende muito da qualidade dos trabalhos na armadura negativa.

Alguns cuidados básicos da construção devem ser seguidos, como nivelamento e escoramento da forma, conscientização da equipe de concretagem para os cuidados com a armadura, executar o acabamento no concreto com caimento para as saídas de água de chuva para evitar poças de água/infiltração.

Mesmo com todos os cuidados adotados, o importante mesmo é a armadura negativa, que vai fazer todo o trabalho estrutural e deve ser muito bem realizada.

---

1 Na norma NBR 6.118 (2014) não há esse conceito.

2 A norma NBR 6.118 chama os buzinotes de pingadeiras.

Alguns cuidados de execução que devemos tomar para os trabalhos:

1) A distribuição das barras deve seguir a indicação de projeto para uma boa distribuição das cargas. (Se o projeto indica barras a cada 15 cm, devem ser exatamente a cada 15 cm, e não 10 barras em 1,50 m distribuídas aleatoriamente.)

2) A armadura negativa deverá ser distribuída e apoiada sobre pastilhas de argamassa na espessura do recobrimento da armadura, garantindo o recobrimento do projeto e evitando o aparecimento de barras de aço expostas na desforma.

3) A armadura negativa deverá ser distribuída e apoiada sobre caranguejos, que fazem o papel principal para manter a posição das barras de aço na altura correta. Os caranguejos não têm nenhuma função estrutural, mas fazem todo o apoio da armadura para montagem de acordo com o projeto.

   Os caranguejos são acessórios de apoio tipo cavalete, formado por uma barra de aço no formato de U invertido, com as pontas dobradas em 90° em sentidos opostos que ficarão apoiadas na armadura positiva ou na laje sobre pastilhas. A altura dos caranguejos é a existente entre a armadura positiva e a negativa. Por ser uma peça de apoio, podem ser feitos com pontas de aço de qualquer bitola, em geral inferiores a 10 mm e distribuídos de maneira a manter a armadura sem abaixar (afundar), em função do tipo de malha e sua resistência. Armaduras com diâmetros menores utilizam mais caranguejos.

4) Para finalizar a armação, é muito importante a amarração em todos os pontos com arame recozido 18, fixando as barras na posição correta e impedindo o seu deslocamento durante a concretagem. Outro ponto importante da amarração é manter as pontas dobradas das barras da armadura negativa viradas para baixo (ancoragem) para que não girem para o lado nem para cima.

5) Alguns projetistas indicam a colocação de caranguejos, mas, independentemente de serem indicados nos desenhos ou não, devem obrigatoriamente ser colocados.

Caranguejos

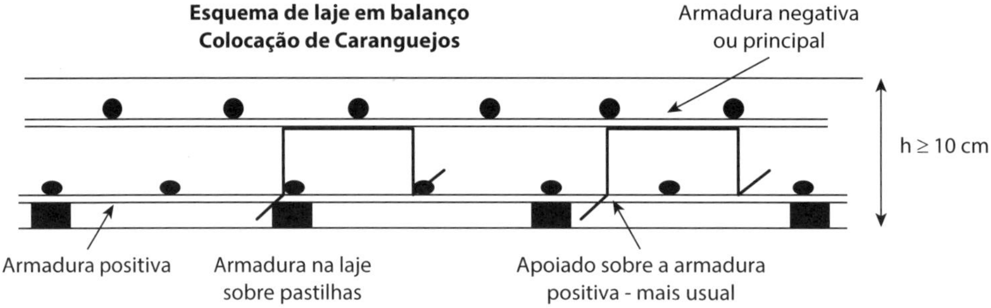

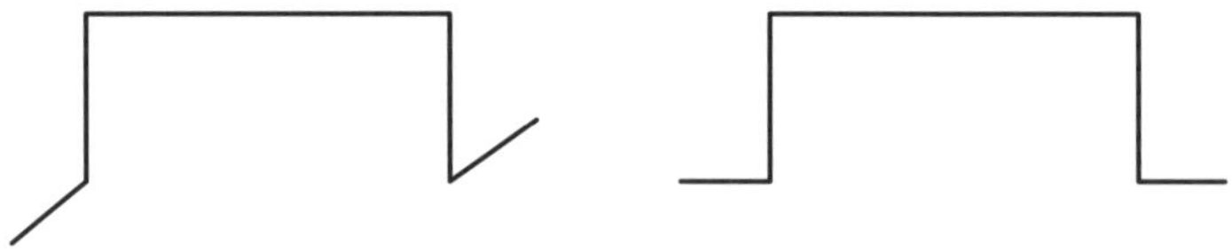

Dobras possíveis nos caranguejos

Esquema sem escala

Desenho das Armaduras

3. Fases da criação, uso e manutenção das lajes em balanço

Podemos, didaticamente, dividir a criação das lajes em balanço nas seguintes etapas:

1. Planejamento do uso dessas lajes

As lajes em balanço são muito usadas em prédios comerciais para atrair freguesia e em prédios públicos, pelos seus aspectos algo monumentais.

O projeto estrutural das lajes em lajes em balanço envolve a fixação da sua espessura de concreto e a escolha estrutural da armadura, que deve ficar em posição alta pelo fato de que, sendo uma estrutura em balanço, o momento fletor a resistir ocorre na posição alta. Além disso, temos que considerar a ligação estrutural dessa laje em balanço com a laje maciça de concreto armado interna à edificação.

2. Construção de lajes em balanço

Os cuidados com a impermeabilização das lajes maciças e a expulsão das águas de chuva são fatores importantíssimos para evitar a oxidação (a popular ferrugem) das armaduras. A expulsão ou drenagem das águas de chuva que caem sobre as lajes em balanço é algo muito importante; dessa forma evitamos a infiltração dessas águas pela parte superior da laje e, com isso, a oxidação da armadura que está na parte alta da laje. A oxidação da armadura pode fazer com que ela perca resistência e então, com essa perda de resistência, toda a laje pode desmoronar. Alerta-se que esse desmoronamento pode não dar aviso prévio e, portanto, as consequências podem ser enormes em vidas e em danos ao patrimônio.

A norma NBR 6.118, versão 2014, norma-mãe do mundo do concreto armado, faz as seguintes exigências específicas para as lajes em balanço:

Espessura mínima para essas lajes: 10 cm (item 13.2.4.1, p. 74).

Nesse mesmo item, existe uma prescrição para um coeficiente adicional γn de dimensionamento para lajes em balanço, que é um valor adicional para o coeficiente de ponderação e de majoração dos esforços solicitantes (peso próprio e carga acidental). Para lajes de espessura mínima (10 cm) esse coeficiente adicional de dimensionamento γn é 1,45. No cálculo, se aumentarmos a espessura dessa laje, aumentamos por consequência seu peso, mas o valor do coeficiente adicional diminui.

Para lajes que devem drenar água (de chuva ou de lavagens) a declividade deve ser algo como 1/250 (dado de experiência deste autor e não indicado nessa norma).

No seu item 13.4.2, a norma referente a NBR 6.118, na p. 79, aceita fissuras de 0,2 mm a 0,4 mm.

3. Erros de construção de lajes em balanço

Não se esquecer de cuidar da drenagem, que é a expulsão da água de chuva ou de lavagem, que cai sobre ela, usando pequenos tubos denominados buzinotes,[1] para a saída da água.

Sempre considerar a impermeabilização da parte superior da laje em balanço para evitar que as águas de chuva penetrem na camada de concreto, podendo oxidar a armadura alta, diminuindo com isso sua resistência.

Tomar muito cuidado com a manutenção da armadura principal (na posição alta e denominada de armadura negativa), usando para isso uma armadura transversal à armadura principal, servindo como apoio da posição alta. Para manter a armadura secundária em posição alta, usar os famosos caranguejos. Tudo isso amarrado e muito bem amarrado, em todos os pontos de encontro com o famoso, mas pouco citado arame 18, na verdade aço 18. Essa denominação "18" tem origem inglesa e é mantida até hoje.

Quanto à qualidade da estrutura de concreto armado, seja ela recente ou com mais idade, podemos testar seu estado usando a técnica da esclerometria. A norma

1 São sinônimos de buzinotes: pingadeira (item 7.2.4 da norma NBR 6.118), barbacã, dreno curto, tubinho de drenagem etc. Na extremidade externa de um buzinote se colocavam, num passado recente, as chamadas carrancas, rostos com expressões terríveis e quase demoníacos, que tinham a função de afugentar maus espíritos!!!!!! Certos pequenos barcos de madeira usam na sua proa essas carrancas até hoje (por exemplo, no Rio São Francisco, o "Velho Chico"). Em outras obras as prescrições para os buzinotes são: diâmetro mínimo de 50,0 mm, inclinação de no mínimo 2% e distância máxima entre buzinotes de 6,0 m. Os buzinotes devem ser colocados de tal forma que seu desentupimento seja fácil, entupimento este causado por folhas, poeira, restos de papel e outros.

nº 7.584 do esclerômetro não é citada na lista de normas de referência da NBR 6.118. Há profissionais que não acreditam na esclerometria. O autor, MHCB, acredita no uso da esclerometria. Existe uma única unanimidade relativa ao mundo da esclerometria. Se ela acusar péssimo resultado numa estrutura, todos acreditam que a situação é altamente péssima...

– Desenho Fantasmagórico

Continuemos a falar da concretagem de uma laje em balanço que está nascendo. Terminada a concretagem e passado o tempo necessário para o concreto ganhar resistência, devemos começar a retirada do escoramento e das formas. O sentido da retirada do escoramento é da extremidade externa desse escoramento para dentro. A retirada no sentido inverso pode acarretar um desastre, pois nesse sentido errado a laje em balanço vai precisar de armadura positiva (armadura em alta da laje) e ela não tem essa armadura.

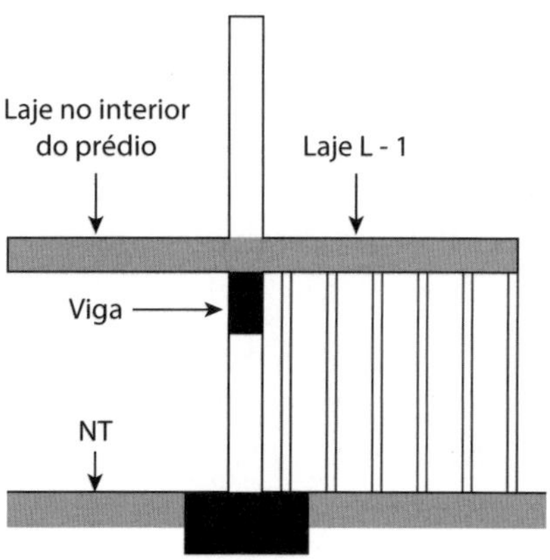

Concretagem: escoramento completo

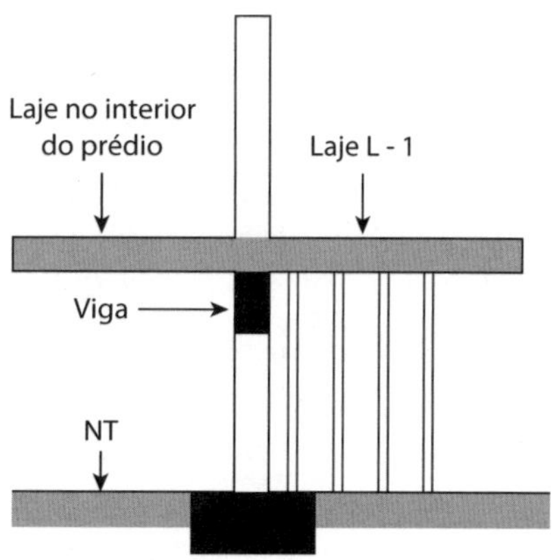

Início da retirada do escoramento

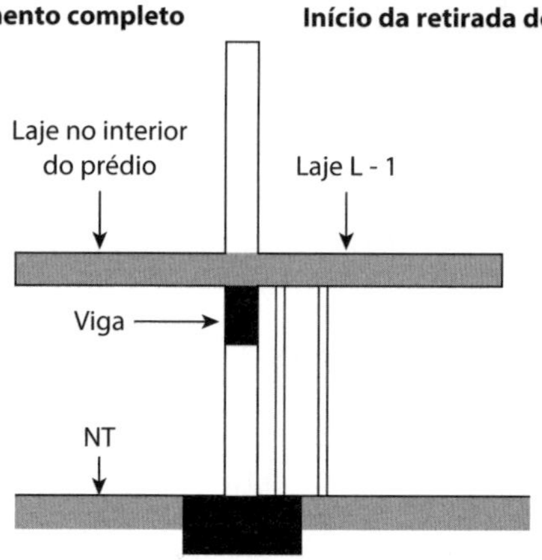

Avanço da retirada do escoramento

Descimbramento – Retirada de Escoramento

Nota para o cuidado da retirada do escoramento.[2] Na dúvida se o concreto da laje já tem ou não resistência suficiente para começar a se retirar o escoramento, pode-se usar a esclerometria, que é o uso de um tipo de "revólver sem pólvora e sem projétil", usando alternativamente uma mola fortíssima que expele um pino contra a superfície do concreto. Quando o concreto é bem resistente, ele repele a ação da mola. Concreto de má qualidade não tem o mesmo nível de repelência.

Itens importantes da NBR 6.118, na versão de 2014 (aspectos gerais):

> *da norma: 5.2.3.3. O projeto estrutural deve proporcionar as informações necessárias para a execução da estrutura. São necessários projetos complementares de escoramento e formas que não fazem parte do projeto estrutural.*
>
> *7. Critérios de projeto que visam à durabilidade*
>
> *7.2. Drenagem*
>
> *7.2.1. Deve ser evitada a presença ou acumulação de água proveniente de chuva ou decorrente de água de limpeza e lavagem sobre as superfícies das estruturas de concreto.*
>
> *7.2.2. As superfícies expostas horizontais, como coberturas, pátios, garagens, estacionamentos, e outras devem ser convenientemente drenadas, com a disposição de ralos e condutores.*
>
> *7.7. Medidas especiais: Em condições de exposição adversas, devem ser tomadas medidas especiais de proteção e conservação do tipo: aplicação de revestimento hidrofugantes e pinturas impermeabilizantes sobre a superfície do concreto, revestimentos de argamassas, de cerâmica ou outros sobre a superfície do concreto, galvanização da armadura, proteção catódica da armadura e outros.*
>
> *7.8. Inspeção e manutenção preventiva*
>
> *7.8.1. O conjunto de projetos relativos a uma obra deve orientar-se sob uma estratégia explícita que facilite procedimentos de inspeção e manutenção preventiva da construção.*

Comentários do autor MHC Botelho referente ao estudo das lajes em balanço:

- Discordo da norma NBR6118 versão 2014 (item 5.2.3.3 da norma) que escoramentos e formas não façam parte do projeto estrutural.

---

[2] A antiga, mas sempre respeitável, norma NB-1 de 1978, que antecedeu à NBR 6.118, recomendava para a retirada das formas. Ver item 14.2.1: "Das faces inferiores, deixando-se pontaletes bem encunhados e convenientemente espaçados – 14 dias. Faces inferiores, sem pontaletes – 21 dias".

- O projeto da retirada do escoramento é muito importante.

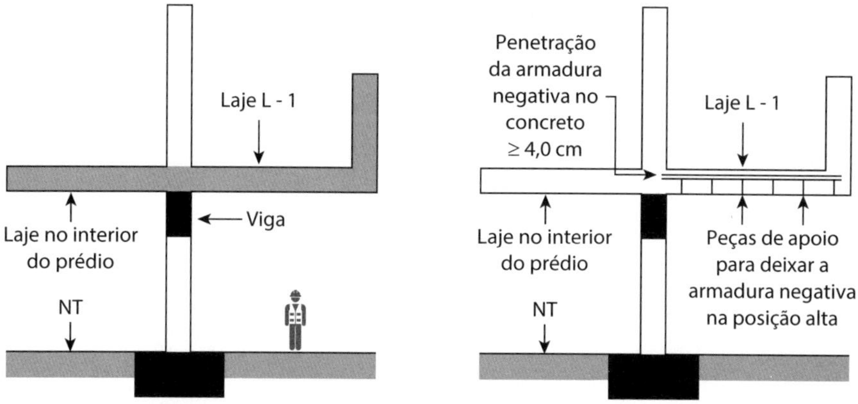

Corte de uma laje em balanço

4. Leis municipais sobre lajes em balanço. Carta com sugestão a um presidente de associação de engenheiros e arquitetos sobre esse assunto

Este autor conseguiu recolher, via internet, algumas leis municipais referentes às lajes em balanço.

A seguir a listagem conseguida:

- Belo Horizonte (MG)– Lei nº 4.695
- Curitiba (PR) – Lei nº 11.095
- Porto Alegre (RS) – Lei nº 6.323 de 30/12/1988
- Rio de Janeiro (RJ) – Lei nº 3.032
- Salvador (BA) – Lei nº 5.907
- Santos (SP) – Lei nº 441
- São Paulo (SP) – Lei nº 8.266 de 20/6/1975
- Porto Alegre (RS) – Lei 6.323

☹ Nota 1

O autor descobriu, para sua tristeza, que uma das leis municipais sobre o assunto faz exigências diferentes para laje em balanço sobre vias públicas e sobre áreas particulares. Entende este autor que todos seres humanos são iguais e não deve haver exigências diferentes para diferentes tipos de seres humanos.

Nota 2

Texto da antiga lei municipal nº 8.266 da cidade de São Paulo com destaque importante em limites de dimensões de espaços vazios em muretas guarda-corpo (guarda corpo vazado) evitando que crianças (bebês), engatinhando, atravessem esses espaços vazios e caiam, às vezes mortalmente...Ver e sugere-se obedecer:

- Artigo nº 94, da Lei do Município de São Paulo nº 8.266

> *Os andares acima do solo, tais como terraços, balcões, compartimentos para garagens e outros, que não forem vedados por paredes externas, deverão dispor de guarda-corpo de proteção contra quedas, de acordo com os seguintes requisitos:*
>
> *I – Terão altura de 0,90 m no mínimo, a contar do nível do pavimento;*[1]
>
> *II – Se o guarda corpo for vazado, os vãos terão pelo menos uma das duas dimensões igual ou inferior a 0,2 m;*
>
> *III – Serão de material rígido e capaz de resistir ao empuxo horizontal de 80 kgf / m aplicado no seu ponto mais desfavorável.*

Nota 3

De ênfase. Aconteceu que num prédio de apartamentos na sua sacada (laje em balanço), a mureta guarda-corpo tinha dimensões de seus espaços bem maiores que 0,2 m, ou seja, havia um espaço livre enorme. Um bebê, que já engatinhava, aproximou-se de um dos espaços livres, penetrou por ele e com isso caiu do seu andar para o chão. Aconteceu uma morte. Erro do projetista do prédio, que não limitou as aberturas horizontais e verticais em no máximo 12 cm, como deveria ter feito, e nenhum bebê atravessaria uma abertura com largura menor que 12 cm (ou até 10 cm).

Na opinião deste autor a abertura deveria ser limitada a 0,10 m. Cautela pouca é bobagem.

---

[1] A norma ABNT de guarda-corpos (mureta de proteção) aponta o valor de 1,1 m para sua altura mínima.

Notar que as dimensões das aberturas da foto são diminutas.
Por essas aberturas, bebê nenhum passa.

Enfatiza-se: a dimensão de orifícios e aberturas de muretas de proteção deve ser menor ou igual a 12,0 cm.

A seguir, e como um simples exemplo, a Lei Municipal nº 6.323 de 30 de dezembro de 1988 de Porto Alegre (RS).

LEI Nº 6.323, DE 30 DE DEZEMBRO DE 1.988.- Porto Alegre

(Regulamentada pelo Decreto nº 9.425/1.989)

ESTABELECE CRITÉRIOS PARA A CONSERVAÇÃO DE ELEMENTOS NAS FACHADAS DOS PRÉDIOS.

O PREFEITO MUNICIPAL DE PORTO ALEGRE. Faço saber que a Câmara Municipal aprovou e eu sanciono a seguinte Lei:

Art. 1º Compete aos proprietários dos prédios a manutenção e conservação dos elementos construtivos e/ou apostos às fachadas dos mesmos.

Art. 2º Os responsáveis, nas pessoas dos síndicos ou proprietários, pelos prédios que possuam marquises projetadas sobre logradouros públicos, deverão apresentar à Secretaria Municipal de Obras e Viação, laudo de estabilidade estrutural das mesmas.

§ 1º O referido laudo deverá ser efetuado necessariamente, com prova de carga, quando:

a) apresentar fissuras ou deformações aparentes;

b) apresentar manchas de infiltração de água;

c) possuir elementos de sobrecarga apostos sobre a estrutura, tais como: painéis publicitários, luminosos e outros;

d) apresentar qualquer outra anomalia.

§ 2º As Cartas de Habitação[2] *somente serão fornecidas aos prédios que possuam marquises mediante apresentação de laudo nos termos da Lei.*

Art. 3º Os laudos de estabilidade estrutural deverão ser atualizados em períodos de 3 (três) anos.

Art. 4º O não cumprimento das disposições nesta Lei implicará em aplicação de multa no valor de 50 (cinquenta) OTNs e interdição do prédio a critério da Secretaria Municipal de Obras e Viação.

Art. 5º Esta Lei entra em vigor na data de sua publicação.

Art. 6º Revogam-se as disposições em contrário.

PREFEITURA MUNICIPAL DE PORTO ALEGRE,

30 de dezembro de 1988.

---

[2] Em outros municípios esse documento chama-se, às vezes, "Habite-se".

ALCEU COLLARES

Prefeito

JOÃO ALBERTO SCHAAN

Secretário Municipal de Obras e Viação

Registre-se e publique-se.

GERALDO NOGUEIRA DA GAMA

Secretário do Governo Municipal

Publicado no DOPA em 30/12/1988

Agora uma ideia institucional:

Carta a um presidente de Associação de Engenheiros e Arquitetos sobre este assunto – Laje em Balanço

Ao Eng. AAB

Presidente da Associação Engenheiros, Arquitetos e Tecnólogos da Região Q (AEATQ)

Prezado colega Presidente da Associação

Acompanhando os jornais, destaco algo que aconteceu no passado:

- Uma criança de uns dois anos (um bebê) despencou de laje em balanço do seu apartamento, tendo tido morte em face da altura da queda que somente aconteceu porque o vão da mureta da laje em balanço tinha espaço livre enorme, a criança passou por entre o espaço livre nessa mureta e caiu.
- Dois jovens, um em São Paulo e outro em Penápolis (SP), morreram por queda da extremidade laje em balanço, laje essa que entrou em colapso estrutural sem dar sinais prévios de risco de ruptura.

No assunto lajes em balanço temos como possíveis problemas:

- Erro de arquitetura ao aceitar espaço enorme nas muretas de proteção (????) de sua extremidade.
- Erros de projeto estrutural, embora o projeto estrutural de uma laje em balanço (nome adotado pela norma estrutural, substituindo a expressão laje marquise) seja algo extremamente simples. Em anexo, damos como exemplo o dimensionamento do engenheiro emérito da Escola de Engenharia de Porto Alegre, o Prof. João Baptista Bianca em seu livro *Manual do construtor*, da Editora Globo, de 1968. O dimensionamento demanda no máximo uma página do livro, ou seja, é algo simples e rotineiro, mas, com as deficiências naturais da vida, podem ocorrer erros. Esses erros podem ter sido gerados por diferentes motivos, por exemplo, durante a fase de projeto, durante a construção, devido a uso inadequado da laje com a colocação de cargas não previstas, por falta de drenagem ou, por último, mas não menos importante, a falta de manutenção em geral etc.

Dizem que o concreto armado é um grande amigo do homem, mas há uma exceção: são as lajes em balanço, que podem matar. A norma NBR 6.118, cautelosamente, no seu item 13.2.4.1, na página 74, impõe que, no caso do uso de lajes em balanço, os esforços solicitantes finais de cálculo (cargas) devem ser adicionalmente majoradas e sua espessura mínima deve ser de 10,0 cm.

Enfatizo os possíveis erros que levam ao colapso, sendo que colapsos estruturais em geral não dão sinais prévios de alerta:

- Erro na fase de projeto quando ocorre o chamado "empuxo em vazio", em face da diferença de nível entre a laje em balanço e a laje à qual ela se amarra estruturalmente.
- Erro de execução da laje maciça durante a obra. A armadura principal dessa laje, que deveria ficar em posição alta, de tanto se pisar em cima durante sua execução (obra), vai para a posição baixa e aí ela não ajuda em nada a laje. O desenho de projeto estrutural deveria mostrar com cuidado a <u>absoluta necessidade de a armadura principal ficar em posição alta</u>, usando-se para isso uma armadura transversal de apoio.
- Erros de uso. Há lajes em balanço que, em dia de festa e desfile nas ruas, se enchem de gente, situação esta não totalmente prevista no seu dimensionamento estrutural. Há também a utilização errada de se colocar cargas não previstas nessas lajes.

Proponho as seguintes medidas para diminuir ou evitar tais colapsos: Vamos mudar o mundo.

- Solicitar da Divisão de Estruturas da sua associação que faça dois ou três exemplos extremamente didáticos de dimensionamento de lajes em balanço, de acordo com a norma NBR 6.118. O texto tem que ser didático mesmo.
- Solicitar também da divisão de estruturas um roteiro prático para a execução de prova de cargas e, paralelamente, fazer uma campanha para que engenheiros, arquitetos e tecnólogos da sua região se interessem em, profissionalmente, executar essas provas de carga.

Detalhe algo surpreendente: a norma NBR 6.118 não cita a norma de prova de carga, que é a norma NBR 9.607, "Prova de carga em estruturas de concreto armado e protendido. Procedimentos". Sua entidade poderia distribuir pela internet, para as entidades abaixo relacionadas, todo o material produzido, solicitando que cada uma das entidades divulgasse e colaborasse na melhoria desse material entre seus associados.

As entidades inicialmente previstas poderiam ser: CREA, CAU, IAB, Associações de Engenheiros e Arquitetos, Sinduscon estaduais, Secovi, Sindicato dos Engenheiros estaduais, Sindicatos de Arquitetos, Associações de Administradoras de imóveis e outras entidades relacionadas com o tema.

Sua entidade seria a centralizadora do controle de tudo isso pela internet, podendo até receber e-mails de interessados para discutir e desenvolver o texto produzido.

Atenciosamente,

Assinatura do Profissional

Número do CREA:

O autor desta minuta de carta deseja colaborar, fazendo evoluir essa ideia, talvez até como um treinamento a distância. Eventualmente, fabricantes de armaduras de aço teriam interesse em dar um apoio – na forma de patrocínio para esse assunto de interesse de todas as prefeituras municipais do nosso país.

5. Detalhes das armaduras de lajes em balanço

Informações estratégicas:

- Aço e ferro são rigorosa e estruturalmente quase a mesma coisa. O aço é uma mistura (chamada de liga) de ferro e carbono.

Vamos entender para valer os detalhes de armaduras mostradas em croquis a seguir. As denominações podem variar de local a local.

1) Caranguejo – termo de obra para peça de apoio de uma barra alta (ferro também chamado de ferro negativo).

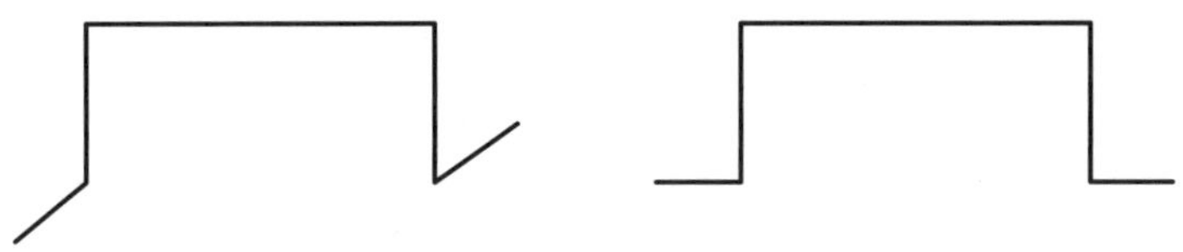

Dobras possíveis nos caranguejos

2) Detalhe de caranguejo com pastilha de afastamento da armadura da forma.

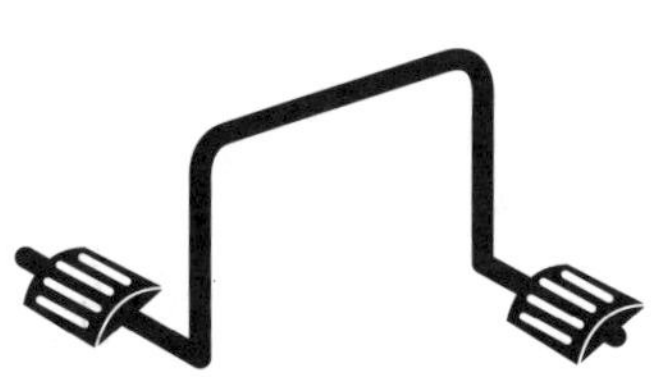

Peça de apoio para armadura alta conhecida como "caranguejo"

3) Armadura principal – normalmente uma armadura determinada por cálculo dimensional. No caso, armadura em posição alta (também chamada de ferro negativo) apoiada para ficar em posição alta em armadura secundária, que também pode ser chamada (e funciona como) armadura de distribuição. A armadura de distribuição propicia nas lajes em balanço uma integração estrutural de toda a laje, ao longo de todo o seu comprimento.

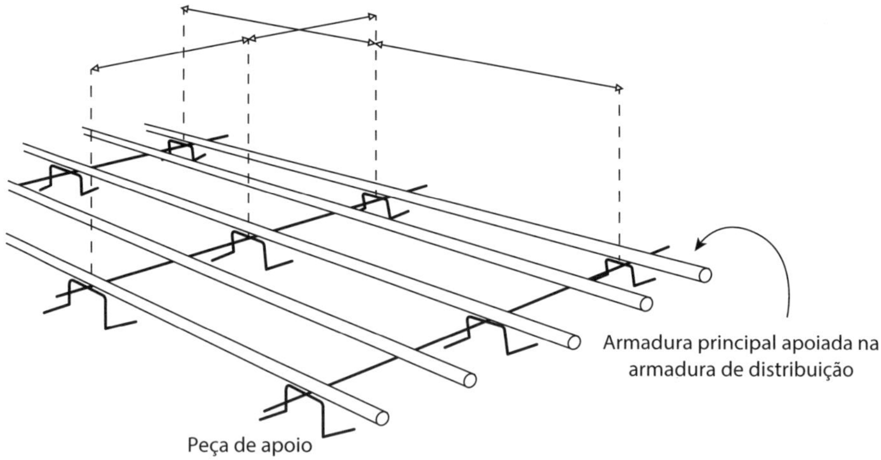

4) Encontro de duas barras amarradas pelo famoso arame 18 (arame é um tipo de aço de algo inferior de qualidade). Com isso as barras em cruzamento não se separam com o impacto do lançamento do concreto (que ainda está numa fase quase pastosa).

5) O mesmo do item 4. O desenho mostra a importância de amarrar **todos** os encontros de barras. Aqui ocorre uma divergência entre engenheiros de obras. Uns dizem que, quando usamos barras de grande diâmetro, podemos, por economia (e, por inacreditável que seja, há os profissionais que pensam que engenharia e economia nada têm em comum...), só amarrar nós saltitantes, ou seja, amarra um nó e não amarra o seguinte numa direção. Com isso se ganha tempo e "time is money". Outros engenheiros defendem a tese de que, em qualquer caso, todos os encontros de barras devem ser amarrados com o arame 18.

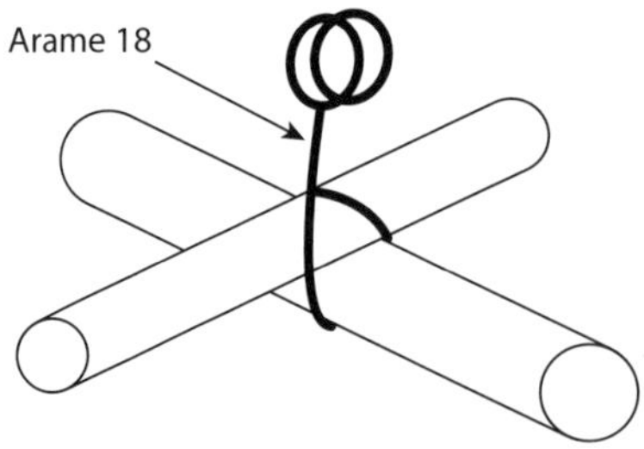

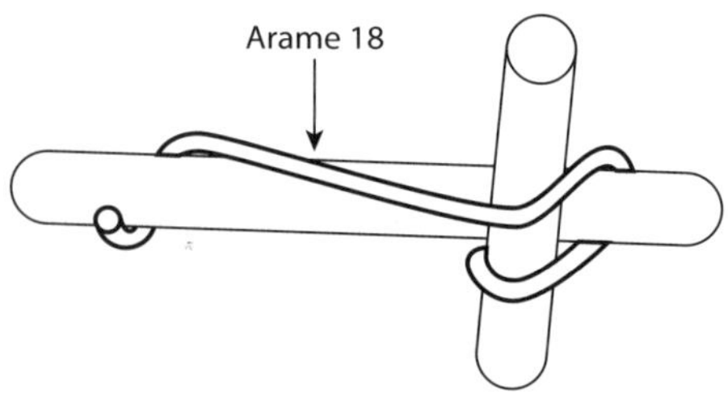

6) Uma barra de aço com um espaçador da barra com a superfície interna da forma. Esse espaço, então criado, permite a penetração de concreto ainda pastoso que protegerá a armadura da umidade do meio ambiente, umidade essa que pode oxidar (atacar) essa armadura. Nota: Novas e principais exigências da edição da norma NBR 6.118 foi a preocupação <u>corretíssima</u> com o combate à oxidação da armadura do concreto armado.

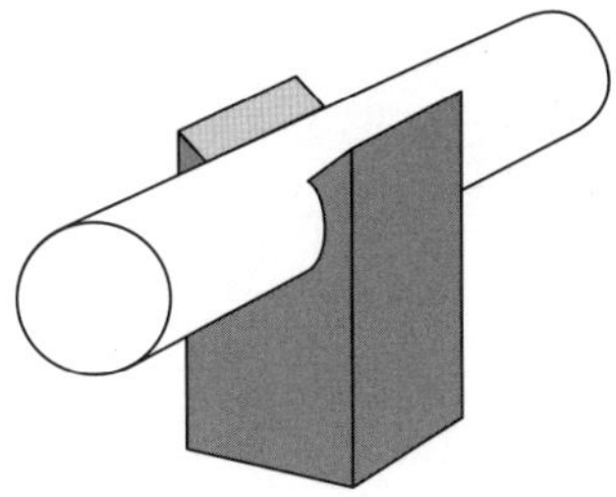

7) Peça de concreto (chamada de pastilha) produzida na obra (existe a possibilidade de, alternativamente, se usar pastilha de plástico). As pastilhas colocadas dentro da forma contêm o arame 18. A pastilha é amarrada à armadura e com isso se consegue gerar um espaço a ser preenchida pelo concreto (ainda pastoso). Essa camada de concreto entre a forma e a armadura protege a armadura de uma oxidação da umidade do ambiente e de outra eventual presença de produto na atmosfera (caso de algumas industrias) que também possa oxidar a armadura. Um exemplo de produto adicional aos danos à umidade é a presença de sal na atmosfera, caso de obra em locais próximos ao mar.

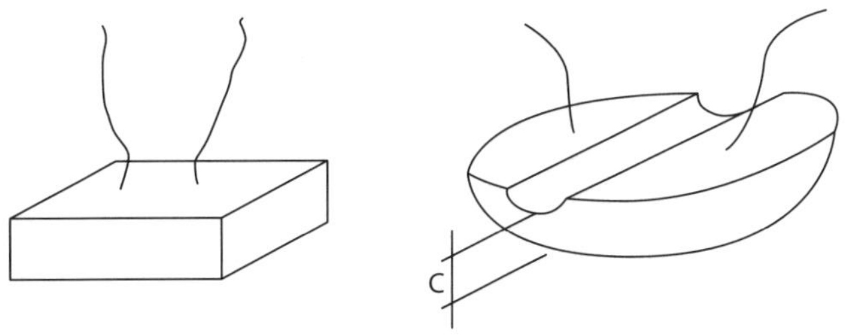

Como informação adicional, um dos locais de maior agressividade ambiental é a Praia do Futuro, em Fortaleza (CE). Diante de fortes ventos e a salinidade do ambiente marinho, as estruturas de concreto armado da região sofrem bastante pela penetração do sal nas estruturas, por isso exigindo reparos.

8) Mais um detalhe de amarração de duas barras de aço que se cruzam e ligadas pelo arame 18.

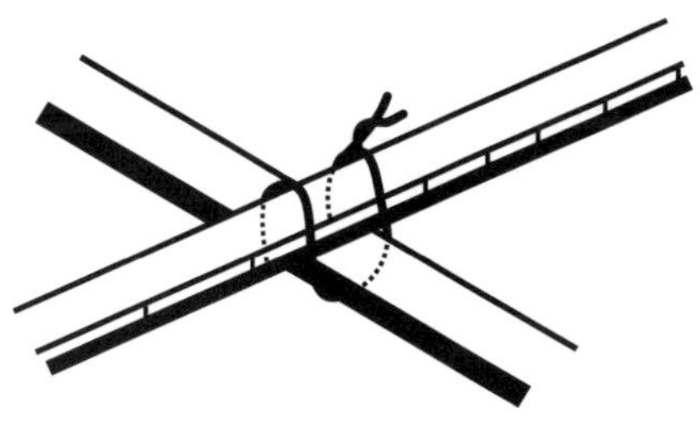

A função da amarração usando arame 18 é para montar as duas barras na posição. Com o lançamento do concreto nas formas, sem esse arame as barras poderiam se soltar (se afastar).

Sugestão: Ver o disposto no livro *Concreto armado eu te amo*, Volume 1, item 6.5, sendo f o maior diâmetro das barras usado no estabelecimento do comprimento da ligação armadura com armadura, usando para isso o arame 18.

Obedecer às seguintes normas da ABNT:[1]

- NBR 7.808 de 1983, "Símbolos gráficos para projetos de estruturas".
- NBR 7.191 de 1982, "Execução de desenhos para obras de concreto simples ou armado".

Vamos agora a detalhes executivos em lajes em balanço aparentemente de pouca importância, mas que, se não obedecidos, podem causar danos estruturais e humanos terríveis. Veja nota abaixo.

A mureta de proteção guarda-corpo da laje em balanço (normalmente de alvenaria) tem que estar amarrada estruturalmente ao prédio, pois, se não, a mureta pode desabar quando sofrer (e ela vai sofrer) esforços horizontais. Para isso, sobre a mureta deve-se prever uma cinta de amarração de concreto armado ao longo de todas as extremidades da laje. Essa cinta, para realmente funcionar, deve estar ligada a quatro pilaretes de concreto armado com seção quadrada de cerca de 15,0 cm de lado. A localização dos pilaretes está mostrada em desenho a seguir. Os pilaretes devem estar ligados estruturalmente à laje em balanço, conforme se sugere também no desenho a seguir.

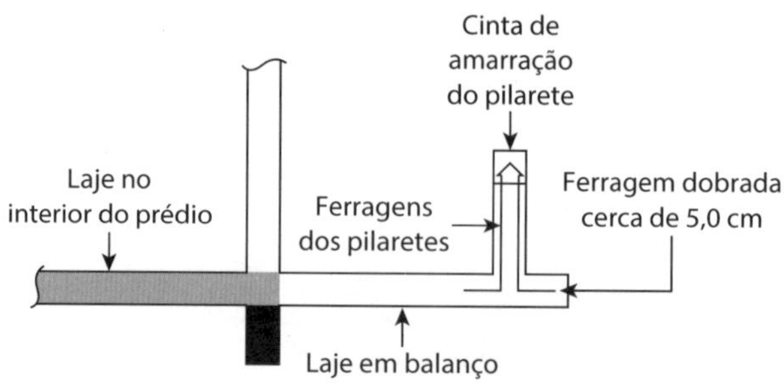

Detalhe de corte em pilarete de laje em balanço

[1] Ver www.abntcatalogo.com.br.

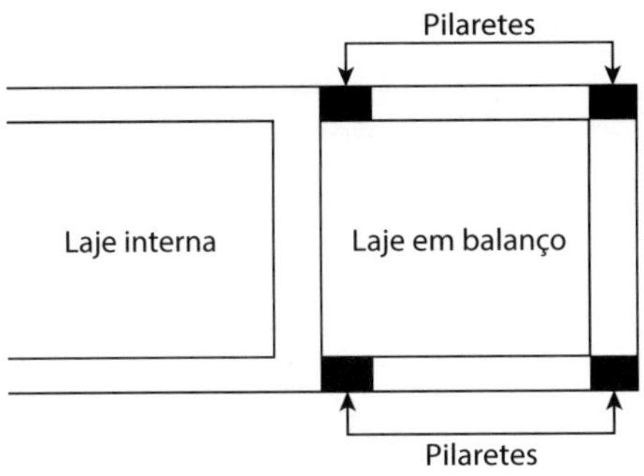

Planta de laje em balanço

A ferragem da cinta deve penetrar nos pilaretes de concreto armado. Os ferros das pilastras devem penetrar na laje com trechos dobrados para aumentar a solidariedade estrutural entre a "ferragem e a laje em balanço".

Nota

Quando uma prefeitura ou particular contratar um projetista estrutural para elaborar o projeto de uma edificação com lajes em balanço, esse contratante tem o direito de exigir (ponha isso no contrato de serviços) que o projeto executivo inclua e detalhe a amarração do guarda-corpo com a estrutura principal do prédio. Está claro que outras soluções estruturais diferentes desta presente proposta podem ser adotadas, mas essa outra solução estrutural tem que estar nos desenhos. Nada de aceitar certas frases pouco responsáveis, do tipo:

"Esse detalhe sobre a mureta não precisa ser mostrado nos desenhos, pois o pessoal da obra tem experiência e resolve no campo..."

Conclusão:

Informação verbal: Não!!!!!!

Nota sobre danos estruturais: Num estádio de futebol com poucos anos de uso, havia uma enorme laje de concreto armado com a extremidade em balanço circundando o campo de jogo. Era passagem obrigatória para entrada e saída da torcida. Como na saída do jogo é normal haver uma maior concentração de gente saindo, logo se percebeu a necessidade de uma mureta de proteção como guarda-corpo na extremidade livre da laje. A mureta de proteção foi construída toda de alvenaria. O projetista dessa mureta de alvenaria nada previu da amarração da mureta com a laje de concreto armado que suportava essa mureta, ou seja, em linguagem estrutural, a mureta inteira estava simplesmente apoiada na laje!!!!!!!!!!!!!!!!!!!!

No final de um jogo, quando houve a saída da torcida (que sempre ocorre em pouco tempo), houve uma concentração de gente que empurrou a mureta e esta, estando simplesmente apoiada na laje, despencou, e, com isso, muita gente caiu da laje até o piso inferior, com um desnível da ordem de uns quatro metros. Muita gente se machucou nessa queda.

Acreditem. Não se descobriu o irresponsável que projetou essa mureta...

Sugiro ver a norma da ABNT NBR 14.718 sobre guarda-corpo, sinônimo de mureta de proteção contra queda. Essa norma não detalha o engastamento das muretas da cinta na laje. No caso, a norma fala especificamente da mureta e não cuidou do seu engastamento da laje, pela diversidade de situações possíveis. Cabe ao consulente da norma saber dos limites de uma norma e que o detalhe do engastamento é de responsabilidade de quem vai usar as informações da norma.

Verifique essa solução proposta neste texto sobre lajes em balanço e veja se você concorda com essa solução. Se você tiver uma solução melhor, nos envie para melhorarmos uma nova edição deste texto. Assim caminha a humanidade...

 Regra filosófica estrutural – as muretas de alvenaria que trabalham como guarda-corpo têm que estar sempre, sempre e sempre, amarrada estruturalmente a uma estrutura de maior vulto e resistência. Se não, .

6. Projeto estrutural e hidráulico de lajes em balanço ligadas estruturalmente a uma laje interior de um prédio

Fotografia de laje em balanço carregada

Usaremos o exemplo a seguir como modelo de dimensionamento estrutural e hidráulico de projeto de lajes em balanço.

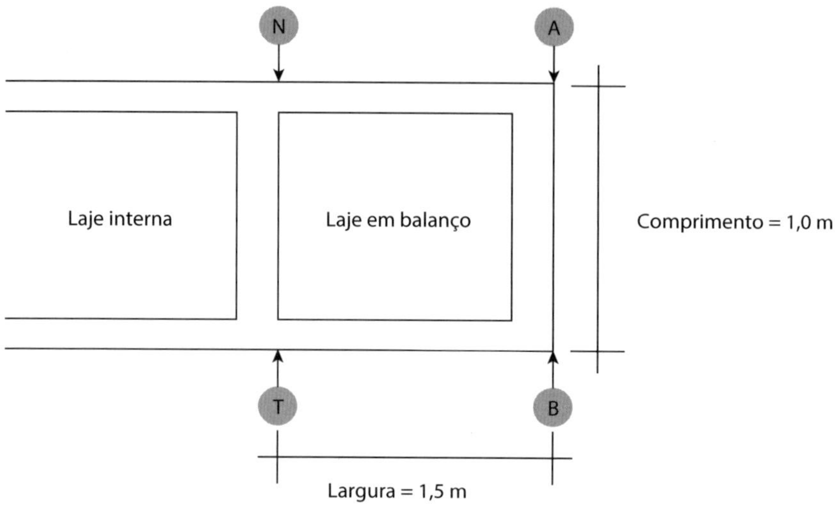

Planta

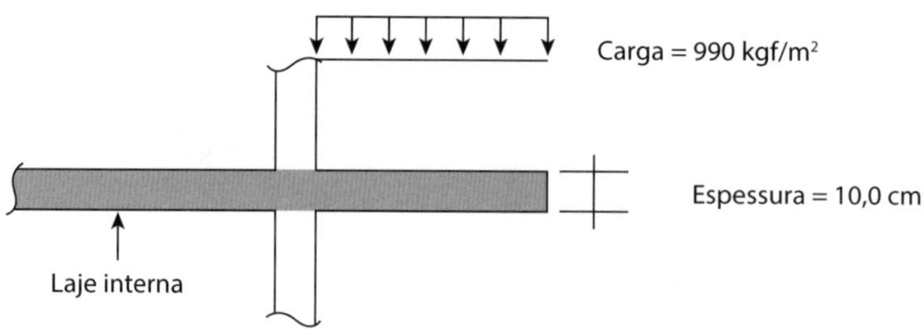

Corte

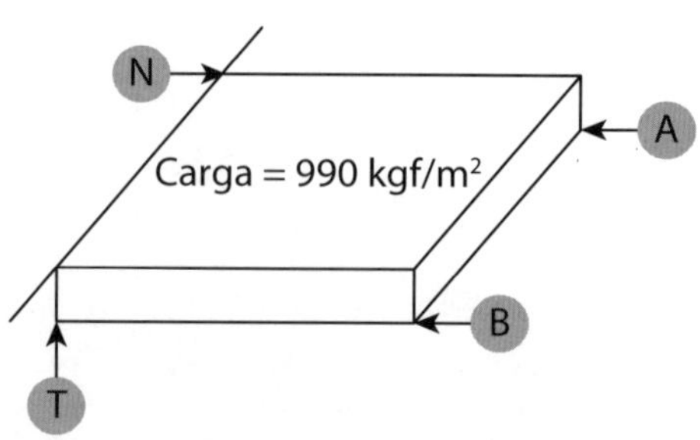

Perspectiva

As letras N,A,B e T indicam pontos principais da laje em balanço.

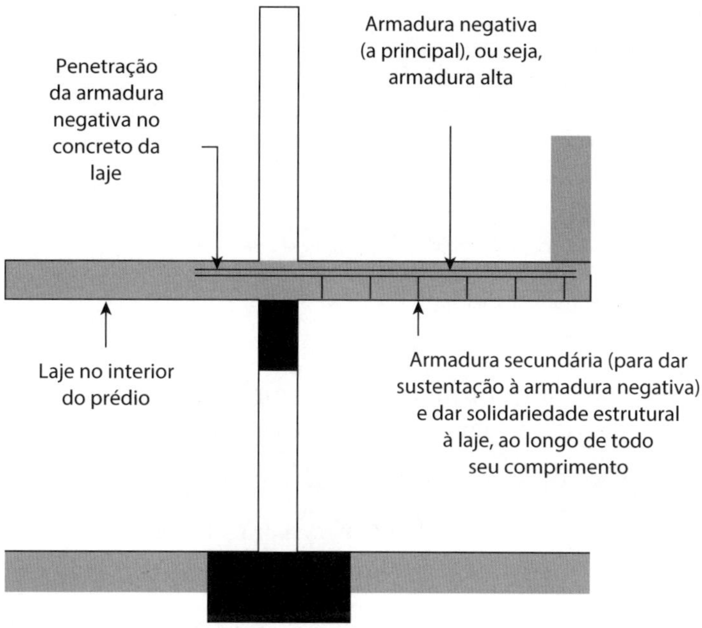

Corte

Nosso modelo terá dimensões de 1,50 m de largura e 1,0 m de comprimento. A espessura dessa laje será constante. A espessura é de 10 cm, opção do projetista, e é o valor mínimo da norma NBR 6.118 para lajes em balanço, podendo chegar a valores maiores. Ver na norma NBR 6.118 o item 13.2.4.1.c, à página 74.

Iniciamos o projeto estrutural.[1]

Dados do assunto, sendo que alguns casos o projetista escolhe livremente e outros são impostos por leis e normas aceitas pela sociedade.

Espessura da laje de 10,0 cm, concreto a usar fck = 20 MPa, e usar aço CA 50.

Também poderíamos usar fck = 25 MPa, fck = 30 MPa, ou aço CA 25 ou aço CA 60.

O cálculo estrutural da laje em balanço neste texto é um modelo em termos de dimensões geométricas. No caso de lajes em balanço com outras dimensões, rever os cálculos.

Como se demonstrará no cálculo a seguir, usaremos armadura principal (barra) de diâmetro 12,5 mm, mas isso não é obrigatório. Poderíamos usar outro diâmetro para a armadura principal (em posição alta, também chamada de armadura negativa). Para a armadura de distribuição (transversal à armadura principal) temos que considerar suas duplas funções:

1 Recomendação e alerta do experiente e vivido Eng. Alcebíades: só comece o trabalho se sua proposta de serviços foi aceita e o decorrente contrato foi aceito.

- Manter a armadura principal na posição alta, exigência do momento fletor na borda TN.
- Criar uma solidariedade estrutural ao longo de todo o comprimento da laje em balanço.

Com essas premissas vamos aos cálculos.

- Espessura adotada da laje: 0,10 m (dez centímetros).
- Largura: (TB) 1,50 m – Comprimento: (TN) 1,0 m.
- Peso próprio da laje (por metro de comprimento): 1,50 x 1,0 x 0,10 x 2.500 kgf/m^3 (critério da norma peso do material concreto armado) = 375 kgf/m^2.
- Carga acidental sobre a laje em balanço: adotado 300 kgf/m^2.
- Peso da carga acidental: 300 kgf/m^2 x 1,5 m x 1,0 = 450 kgf.

O cálculo deste exercício didático é sempre para 1,0 m de comprimento da laje em balanço.

Consideraremos ainda o acréscimo na carga acidental da camada de impermeabilização, revestimento protetor da camada de impermeabilização (cerca de 1,0 cm de concreto magro), o peso da mureta de proteção contra quedas humanas (mureta de concreto armado vazado) e cinta de concreto armado ligando a mureta com a estrutura do prédio.

Por experiência, todos esses acréscimos somam algo como: 0,2 x (375 + 450) = 165 kgf/m^2. Logo a carga total a que essa laje tem de resistir (laje por metro de comprimento) é de:

$$375 + 450 + 165 = 990 \text{ kgf/m}^2$$

(carga total, total, total que a laje terá de resistir).

Escolhemos o fck do concreto da laje igual a 20 MPa.[2]

Admite-se para o cálculo do momento fletor no trecho "TN" (borda de ligação da laje em balanço com a laje interna do prédio). Admite-se que essa carga total de 990 kgf/m^2 se distribua igualmente por toda a área da laje.

[2] Poderia ser, por livre simpatia do projetista estrutural, o fck de 25 MPa, ou ainda 30 MPa. A rotina é que se trabalhe com um único fck para todo o prédio.

Estamos agora prontos para o cálculo de dimensionamento estrutural, usando a tabela de dimensionamento de autoria do Prof. Eng. Mario Massaro Jr., que está a seguir.

Mas temos que obedecer à senhora dona norma NBR 6.118, que faz as seguintes exigências específicas de carga para as lajes em balanço:

Coeficiente de ponderação γn (γ_n) que aumenta no dimensionamento a carga total no valor de 1,45.

No entender deste autor, MHC Botelho, esse coeficiente se aplica à carga total.

Esse coeficiente resulta de γn = 1,95 – 0,05 h.[3]

Como escolhemos h = 10 cm (mínimo pela norma), resulta:

$$\gamma n = 1{,}95 - 0{,}05 \times 10 = 1{,}45$$

A tabela da publicação do Prof. Massaro, já citada, já incorpora internamente no cálculo os coeficientes de ponderação, mas não γn (γ_n).

Lembremos sempre do uso das medidas "h" e "d" na seção transversal de peças em flexão, como é o caso das lajes em balanço e em vigas em geral, onde:

- h = altura total da viga;
- d = altura útil para o dimensionamento no cálculo estrutural;
- h – d = espessura do cobrimento da armadura, cobrimento feito pelo concreto;
- A_s = área da armadura.

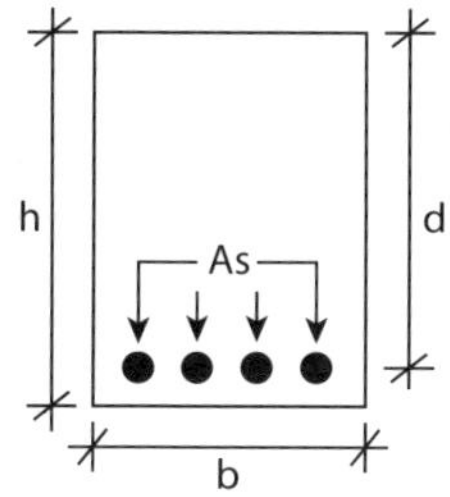

Seção transversal de uma viga

[3] Ver NBR 6.118, item 13.2.4.1, à página 74.

Tabelas de dimensionamento estrutural

Criação do Eng. Prof. Mario Massaro Júnior

Considerações iniciais: Concreto fck = 200 kgf/cm^2 = 20 MPa

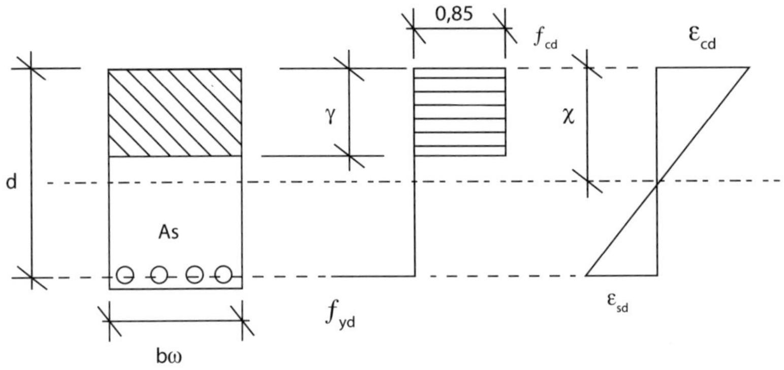

$\gamma_f = 1{,}4$

$\gamma_c = 1{,}4$

$\gamma_s = 1{,}15$

M_k – Momento no engastamento TN

k_3 – Obtido da tabela a seguir, a partir do valor de k_6

$k_6 = b_w \times d^2 / M_k$

$A_s = k_3 \times M_k / d$

$f_{yd} = fyk / \gamma_s$ (Aço)

$f_{cd} = fck / \gamma_c$

Unidades: [tf], [cm]

Tabela de k_6 e k_3 para o aço CA 25 e CA 50, com Fck = 20,0 MPa

k_6	**k_3**	
	CA - 25	**CA - 50**
726,40	0,649	0,325
366,20	0,654	0,327
246,10	0,660	0,330
186,10	0,665	0,333
150,10	0,671	0,335
126,20	0,676	0,338
109,10	0,682	0,341
96,23	0,688	0,344
86,20	0,694	0,347
78,32	0,700	0,350
71,83	0,706	0,353
60,13	0,712	0,356
61,86	0,719	0,359
57,96	0,725	0,363
54,59	0,732	0,366
51,65	0,739	0,369
49,06	0,745	0,373
46,77	0,752	0,376
44,72	0,759	0,380
42,89	0,767	0,383
41,24	0,774	0,387
39,75	0,782	0,391
38,39	0,789	0,395
37,16	0,797	0,399
36,58	0,801	0,400
36,03	0,805	0,402
34,99	0,810	0,407
34,04	0,821	0,411
33,16	0,830	0,415
32,35	0,839	0,419
31,60	0,847	0,424
30,91	0,856	0,428
30,58	0,861	0,434
30,27	0,866	0,
29,67	0,875	0,
29,11	0,885	0,
28,59	0,894	0,
28,11	0,904	0,
27,88	0,910	0,
27,66	0,915	0,
27,25	0,925	0,
27,05	0,931	0,

Nota do autor

No caso de lajes em balanço, considerar adicionalmente o coeficiente de ponderação γn, índice específico de majoração de carga (carga acidental) de lajes em balanço. Ver Tabela 13.2, à páginas 74, da NBR 6.118 (2014).

Tabela de k_6 e k_3 para o aço CA 25 e CA 50, com Fck = 25,0 MPa

k_6	k_3	
	CA - 25	**CA - 50**
581,10	0,649	0,325
292,90	0,654	0,327
196,90	0,660	0,330
148,90	0,665	0,333
120,10	0,671	0,335
100,90	0,676	0,338
87,24	0,682	0,341
76,99	0,688	0,344
69,02	0,694	0,347
62,66	0,700	0,350
57,46	0,706	0,353
53,14	0,712	0,356
49,49	0,719	0,359
46,37	0,725	0,363
43,67	0,732	0,366
41,32	0,739	0,369
39,25	0,745	0,373
37,41	0,752	0,376
35,78	0,759	0,380
34,31	0,767	0,383
32,99	0,774	0,387
31,80	0,782	0,391
30,72	0,789	0,395
29,73	0,797	0,399
29,27	0,801	0,400
28,82	0,805	0,402
27,99	0,810	0,407
27,23	0,821	0,411
26,53	0,830	0,415
25,88	0,839	0,419
25,28	0,847	0,424
24,73	0,856	0,428
24,47	0,861	0,434
24,21	0,866	0,
23,73	0,875	0,
23,29	0,885	0,
22,88	0,894	0,
22,49	0,904	0,
22,31	0,910	0,
22,13	0,915	0,
21,80	0,925	0,
21,64	0,931	0,

Nota do autor

No caso de lajes em balanço considerar adicionalmente o coeficiente de ponderação γn, índice específico de majoração de carga (carga acidental) de lajes em balanço. Ver Tabela 13.2, à páginas 74, da NBR 6.118 (2014).

Norma NBR 7480/1995

Tabela Mãe para Aços												
Uso mais comuns	**Diâmetro Ø (mm)**	**Peso linear (kgf/m) (10N/m)**	**Área das seções das barras As (cm²)**									
			Números de barras									
			1	**2**	**3**	**4**	**5**	**6**	**7**	**8**	**9**	**10**
Estribo e lajes	5	0,16	0,196	0,392	0,588	0,784	0,980	1,176	1,372	1,568	1,764	1,960
Estribos lajes e vigas	6,3	0,25	0,315	0,630	0,945	1,260	1,575	1,890	2,205	2,520	2,835	3,150
	8	0,40	0,50	1,00	1,50	2,00	2,50	3,00	3,50	4,00	4,50	5,00
	10	0,63	0,80	1,60	2,40	3,20	4,00	4,80	5,60	6,40	7,20	8,00
	12,5	1,00	1,25	2,50	3,75	5,00	6,25	7,50	8,75	10,00	11,25	12,50
Vigas e pilares	16	1,60	2,00	4,00	6,00	8,00	10,00	12,00	14,00	16,00	18,00	20,00
	20	2,50	3,15	6,30	9,45	12,60	15,75	18,90	22,05	25,20	28,35	31,50
Estruturas maiores p/ pilares	25	4,00	5,00	10,00	15,00	20,00	25,00	30,00	35,00	40,00	45,00	50,00
	32	6,30	8,00	16,00	24,00	32,00	40,00	48,00	56,00	64,00	72,00	80,00

Os coeficientes a seguir são padrões para todos os dimensionamentos de estruturas convencionais de concreto armado. As lajes em balanço são caso especial e, por causa disso, a norma inclui adicionalmente o coeficiente γn.

Os coeficientes de cálculo tradicionais e usados no dimensionamento de todas as estruturas convencionais de concreto armado são:

- γ_f para aumento da (carga acidental + peso próprio) e valendo 1,4[4];
- γ_c para diminuição do fck do concreto e valendo 1,4;
- γ_s para diminuir a resistência do aço e igual a 1,15.

Como a tabela do Prof. Massaro já faz o cálculo interno, com esses três coeficientes de ponderação, usados em todos os dimensionamentos de estruturas de concreto armado convencionais, temos agora que considerar, **e sem esquecer**, o coeficiente específico "γn" das lajes em balanço e, no caso, como a altura é de 10,0 cm, ele é igual a 1,45. A norma chama esse coeficiente de coeficiente de ajustamento, no item 11.7.1 página 64, da norma 6.118.

Ver também a Tabela 13.2, na página 74. Vamos usar esse "γ_n" coeficiente aumentando a carga total de 990 kgf/m para: 990 × 1,45 = 1.435 kgf/m^2 (ver coeficiente de aumento de carga, item 13.2.4, da norma na página 74) para a espessura adotada da laje em balanço (escolha da espessura nossa) para espessura de 10,0 cm.

4 Onde γ é a letra grega e f é índice. O mesmo vale para γ_c, γ_s e γ_s.

A carga de 1.435 kgf/m² será a grande personagem do nosso dimensionamento, neste caso.

O valor de 1.435 kgf/m² será a carga (peso total) a considerar no dimensionamento.

Vejamos pela velha e sempre sábia Resistência dos Materiais o momento fletor no engastamento borda "TN".

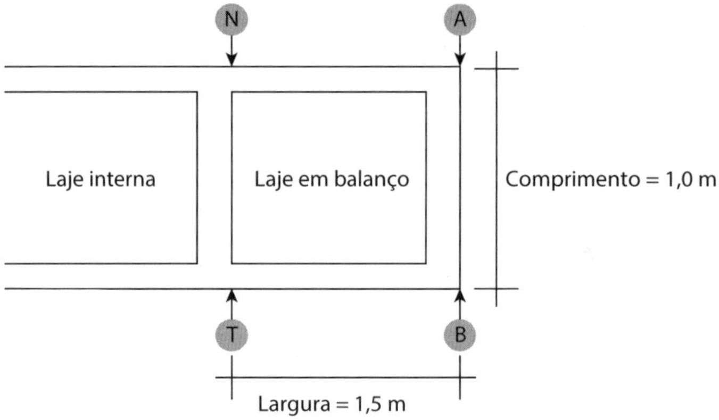

Planta

Nota do autor

Entenda-se a Tabela 13.2 da NBR 6.118:

h (cm)	≥ 19	18	17	16	15	14	13	12	11	10
γn	1,00	1,05	1,10	1,15	1,20	1,25	1,30	1,35	1,40	1,45

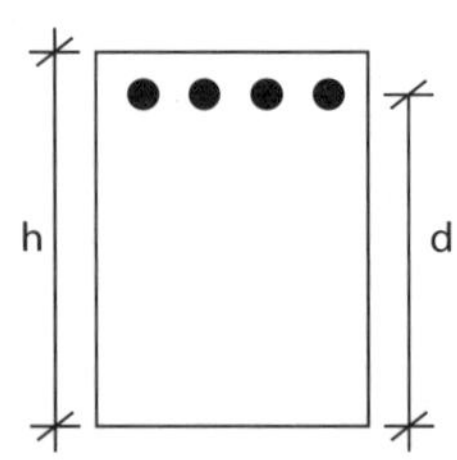

Corte de seção de laje em balanço, sendo "h" a espessura da laje e "d" a altura utilizada no dimensionamento estrutural

Ou seja, "γ_n" = 1,95 – 0,05 h.

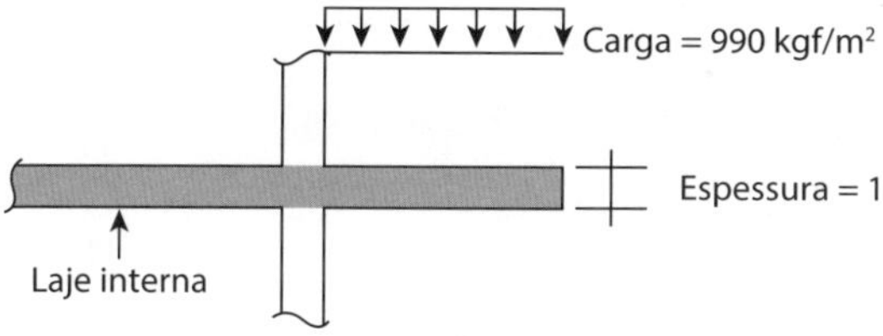

Nota para os jovens estudantes e profissionais: Os coeficientes de ponderação aumentam a necessidade de resistência estrutural sem aumentar obrigatoriamente a peça estrutural resistente. Pode acontecer que um eventual aumento do coeficiente de ponderação se a estrutura estava com folga estrutural, nada mude da dimensão das peças resistentes.

Fotografia de lajes em balanço sucessivos, em diversos níveis

Momento fletor na borda "TN" segundo a equação da sagrada Resistência dos Materiais:

$$M\ (TN) = (\text{borda TN}) = ½ \times p \times L^2 = ½ \times 1.435 \times 1{,}5^2 = 1.614 \text{ kgfm}$$

Por razões de produção da tabela do Prof. Eng. Mario Massaro Jr., deveremos, para usá-la, exprimir sempre, sempre e sempre as unidades em tf e cm.

Então, M (TN) = 161,4 tfcm.

Esse será o momento fletor com o qual dimensionaremos a armadura negativa (principal) que é a armadura que chega até a borda "TN".

Calculemos por metro de largura (b_w = 150 cm), pela tabela citada do Prof. Eng. Mario Massaro Jr, o valor de k_6:

$$k_6 = bw \times d^2 / M = 150 \times 9^2 / 161{,}4 = 75{,}2^*$$

Entremos nessa **tabela sagrada** usando o valor de k_3 (fck = 20 MPa, aço CA 50):

Se $k_6 = 75{,}2 \rightarrow k_3 = 0{,}35$,

$$As = k_3 \times M / d = 0{,}35 \times 161{,}4 / 9 = 6{,}27 \text{ cm}^2/\text{m}$$

A armadura principal (armadura a mais alta, não nos esqueçamos) terá a área de sua seção transversal atendendo à armadura resultante do cálculo. Olhando a **Tabela Mãe**, sempre a nos proteger, como boa mãe que é, a seguir vemos que a solução que atende é a de 6 barras de 12,5 mm, dando um espaçamento entre barras de 100 / 6 = 15,0 cm.

Também poderíamos usar barra de aço de 16,0 mm de diâmetro e então precisaríamos usar 4 barras de 16 mm por metro de comprimento, dando um espaçamento de 100 / 4 = 25,0 cm.

Recomendações em apostila do Eng. Mario Massaro Jr. orientam que o máximo espaçamento entre barras na flexão seja de 20,0 cm.

A armadura secundária (também alta), com as funções já explicadas, não terá cálculo, e usaremos barras de diâmetro 10 mm a cada 20 cm. Já foi mostrada a "Tabela Mãe" (à página 51) que orientou a escolha da armadura principal.

* Por cuidado didático repetimos a expressão geral de uma equação. Recomendamos esse item de clareza.

Laje em balanço de uma caixa-d'água circular, com local do apoio centralizado

7. Impermeabilização de lajes em balanço

O mundo da impermeabilização das estruturas de concreto faz parte de um grande mundo, complexo tecnologicamente, mundo rico e importantíssimo. Mas as atividades de impermeabilização não devem ser consideradas como medidas corretivas, e sim como atividades consideradas previamente, na fase de projeto das estruturas.

Engenheiros, arquitetos e outros profissionais da construção civil, incluso aí a mão de obra representada pelos mestres de obra e outros, deveriam ser treinados para entender os cuidados para se obter obras eficientes de impermeabilização. Só como referência, a revista *Guia da Construção*, da Editora Pini, tinha, nas páginas ligadas ao assunto impermeabilização, cerca de onze entradas de assuntos sobre essa matéria, envolvendo serviços e materiais.

Todavia, erros de projeto, erros de construção e erros (falhas) de manutenção podem propiciar que águas de chuva possam se acumular em uma laje em balanço e, com isso, essa água acumulada pode se infiltrar na camada de concreto superior à armadura principal e na armadura de distribuição. A umidade é fator decisivo na oxidação de armaduras de aço. Essa oxidação pode progredir enquanto houver umidade e então as armaduras podem perder capacidade resistente e, com isso, a laje pode ruir.

Estando em posição alta e sobre um local onde passam pessoas, as consequências do dano à laje em balanço podem ser enormes, incluso aí a morte dos passantes, pela queda e impacto do concreto que estava formando a laje. Em face disso, é de boa recomendação e, quando o Eng. Alcebíades fala, a gente respeita, e recomenda-se que também atue.

Essa atuação na fase de projeto da laje em balanço consiste em prever uma camada de impermeabilização cobrindo a face superior da laje, por um produto adequado. Claro que esse cuidado de impermeabilização se soma aos seguintes cuidados:

- Camada de concreto sobre as armaduras principais e de distribuição, pois essa camada de concreto protege contra a oxidação as armaduras.
- Declividade da superfície superior da laje em balanço endereçando as águas de chuva para os buzinotes, ou seja, os expulsores finais da água de chuva jogando-as na atmosfera.[1]

[1] Ou preferencialmente, como recomendam vários códigos de obras municipais, diretamente nas sarjetas de ruas. Há colegas construtores que entendem não ser necessária essa declividade de projeto, pois a própria deformação da laje joga a água de chuva para as extremidades.

- Colocação de **no mínimo** dois buzinotes a cada 5,0 m ou 6,0 m de laje no seu comprimento.
- Tomar cuidados como usar argamassas nos encontros da laje com a mureta, gerando superfícies não retas, e sim circulares, pois estas não seguram água.
- Periodicamente desentupir os buzinotes, pois sujeiras e detritos caídos nas lajes podem entupi-los.
- Claro que produzir concreto com aditivos adequados, aumentando a resistência desse material contra a infiltração, ajuda, mas isso é algo difícil, pois esse seria um fator de encarecimento da obra.
- Uso de tintas e mantas que impedem que a umidade penetre no concreto da laje, evitando a oxidação da armadura principal, tirando dela sua resistência.

O Eng. Alcebíades pondera que talvez as atividades de impermeabilização sejam as atividades mais exigentes e delicadas entre todas as atividades da construção civil.

Recomenda-se a consulta às normas da ABNT:

- NBR 9.574, "Execução de Impermeabilização";
- NBR 9.575, "Impermeabilização – seleção e projeto".

E a consulta ao Instituto Brasileiro da Impermeabilização (IBI), que produz matérias sobre o assunto e oferece periodicamente cursos sobre a matéria.

△▽ **Alerta:** Não basta que engenheiros, arquitetos e tecnólogos façam cursos sobre impermeabilização. Mestres de obras e aplicadores também devem fazer cursos. A mão de obra de nível superior não fica em tempo integral na obra. Quem fica em tempo integral na obra fazendo impermeabilizações é o pessoal mais simples. Eles precisam ser treinados e valorizados.

Obra de impermeabilização, pelas exigências de muitos e os delicados cuidados necessários, é como tecnologia de manutenção de relógios. Tudo depende de quem põe a mão na massa.

Informações "boca a boca" entre profissionais da construção civil e que por preconceito não vão para os livros técnicos nem para teses de doutoramento, indicam:

- Para fazer impermeabilizações o ideal seria usar exclusivamente mão de obra feminina...

A seguir informações iniciais e preliminares de cuidados para a impermeabilização de lajes em balanço, válidas em praticamente todas as alternativas.

Enchimento com argamassa.

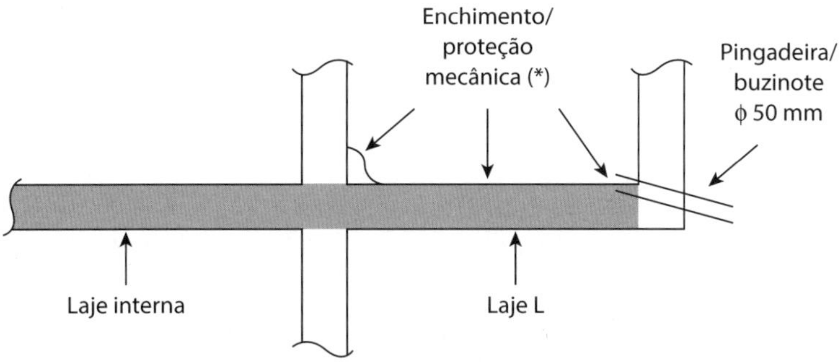

Detalhe de corte de laje em balanço

A produção de impermeabilizantes é algo quimicamente complexo e altamente especializado. Para obter os frutos da impermeabilização desejados (necessários) é preciso ter cuidados delicados com a camada (manta) impermeabilizante e a sua proteção mecânica (camada superior de proteção), ou seja, o uso de uma camada superior de argamassa.

Atenção: a impermeabilização sofre a ação do tempo, da atuação do sol e a ação da chuva, de pessoas que passam por cima dela. Diferentemente das estruturas de concreto armado, que podem durar dezenas e dezenas de anos sem manutenção, a impermeabilização pode ter uma vida útil bem menor. Portanto, uma laje em balanço pode ter sido feita corretamente há mais de trinta anos, mas pode ser que agora ela não mais atenda às necessidades para impedir a infiltração de água na parte de concreto que cobre a armadura principal, e então medidas corretivas de rejuvenescimento dessa impermeabilização são necessárias.

São nomes tradicionais de produtos de impermeabilização:

Denver – www.denverimper.com.br;

Dryko – www.dryko.com.br;

Hemisfério – www.hemisferioresinas.com.br;

Lwarflex – www.lwarquimica.com.br;

Pizzimenti – www.pizzimenti.com.br;

Sika – www.vedacit.com.br;

Viapol – www.viapol.com.br;

E outros.

Notas históricas. **Curiosidade tecnológica inacreditável**...

Dois profissionais de construção civil conversavam recentemente (ano de 2010) sobre o famoso gigantesco reservatório de água construído ao redor do século XV na cidade de Constantinopla (hoje Istambul, fazendo parte da Turquia).

Um dos dois profissionais comentou:

> – *Não me interesso em saber como o pessoal dessa época tão remota construiu* ***esse reservatório (que tem o sinônimo de cisterna). Sei que ele tem dimensões de área de 64,0 x 56,0 m e capacidade hidráulica de cerca de 40.000 m³. O que eu desejaria saber foi como eles conseguiram fazer a impermeabilização desse reservatório. E esse reservatório de água no passado pegou fogo!!!! Como um reservatório de água teria conseguido pegar fogo????????????????????***

8. Provas de carga em lajes em balanço com ou sem problemas

Uma lei municipal de um determinado município fixou um prazo máximo para que certas lajes em balanço com problemas apresentassem laudo técnico expondo o problema e orientando soluções, cabendo ao responsável pelo prédio as providências corretivas. Claro que o uso de prova de carga é uma ferramenta muito útil no diagnóstico do caso.

Baseado nessa lei e levando em consideração o que existe em outros textos e depoimentos, os sinais de que uma laje em balanço pode precisar de uma prova de carga para verificar sua situação estrutural ocorre quando:

a) Apresenta fissuras.

b) Aparenta deformações (flechas) maiores que as previstas na norma NBR 6.118, no seu item 13.3 (deslocamento limite L / 250, sendo "L" a largura da laje).

c) Apresenta manchas de infiltração de água. Trechos escuros no concreto podem ser sinais de infiltração de água.

d) Os seres humanos passantes por baixo da laje em balanço reclamam dos proprietários da edificação de gotas de água que caem delas; isso seguramente é um sinal preocupante de que está havendo infiltração e a maior consequência pode ser a agressão à armadura.

e) Aspecto visível até para leigos de deterioração estrutural. Uma foto neste texto, à página 18, mostra um caso flagrante.

f) Surgimento de vegetação (chamada de **"maldição verde"**) em lajes em balanço, fato que só ocorre com águas de chuva retidas. O vento transporta e deposita sementes de plantas. A umidade pode ser expulsa, mas sem umidade as plantas não crescem. As plantas nascendo são sinal de que a umidade está retida e pode atacar a armadura.

g) Possuem elementos de sobrecarga apoiadas sobre a laje em balanço, como painéis publicitários, aparelhos de ar-condicionado, painéis luminosos etc.

Claro que com o tempo ninguém sabe qual foi a premissa estrutural do projeto (era uma obra só para proteger os passantes inferiores do sol e chuva ou era para ser ocupada por pessoas?????); também não se sabe a qualidade da obra executada. Valem como alertas mínimos os sinais indicados neste item de "a" até "g".

Falemos algo sobre as provas de carga.

Um edifício em construção, recém-construído, ou já existente, pode precisar de uma prova de carga quando se deseja ter uma maior compreensão de sua adequação estrutural. A prova de carga é algo caro, de execução demorada e exige para sua execução pessoal bem treinado e com equipamentos específicos.

Prédios residenciais, de escritórios, quando prontos para uso, não costumam ser avaliados por provas de carga. Admite-se que esse novo prédio, não tendo fissuras de grande valor, não tendo recalques não previstos no tempo, ou não tendo deformações estruturais significativas, é um prédio presumidamente aceitável para uso. Pontes de grande porte, ao contrário podem exigir sempre esse teste. A importância das provas de carga em pontes é que elas recebem cargas dinâmicas, com todas as consequências disso, inclusas aí as vibrações decorrentes.

Para se executar uma prova de carga numa construção:

- Tomam-se as medidas de segurança trabalhista e de proteção das proximidades.
- Carregam-se por etapas (digamos, em fases sucessivas de 10%) da carga de projeto (peso) e vamos fazer crescer paulatinamente essa carga. Paralelamente vamos medindo deformações e fissuras.
- Cada etapa de acréscimo de carga deve ter um espaço de tempo entre cada etapa.

Se a estrutura apresentar respostas aceitáveis a esses itens mínimos, aceitamos a estrutura.

No caso de lajes em balanço, só se costumam fazer provas de cargas em lajes suspeitas, o que já mostra os riscos envolvidos. É como operar o coração. Só se operam corações com problemas. Corações sem problemas detectados não precisam ser operados.

A ABNT tem uma norma de prova de carga que deve ser estudada e seguida. É a norma NBR 9.607. Ela, sem que o autor saiba as razões, não foi citada na NBR 6.118, revisão n° 2 de 2014 da NBR 6.118.

Podemos extrair dados, orientações preliminares úteis e recomendações de provas de carga para outros tipos de estruturas:

- A execução da prova de carga deve ser acompanhada por profissional estrutural,
- Tirar fotos antes da prova, durante a prova e depois de dez dias do fim da prova de carga, se os resultados dela foram bons ou maus.
- Fazer o teste em pontos de apoio distantes da ordem de 2,0 m.
- Usar placas de apoio da carga com diâmetro mínimo de 70,0 cm.
- Usar macacos hidráulicos de até 500 kgf de capacidade, que permitam a aplicação de pequenos incrementos de carga.
- Anotar os efeitos da prova de carga nas situações progressivas. Essas anotações devem fazer parte do relatório final, contendo a data, o nome do responsável pela prova de carga e seu registro profissional.
- Uso de manômetro de precisão da ordem de 0,1 kgf/cm^2.
- Usar defletômetro graduado em 0,1 mm.
- O tempo entre dois testes deve ser de no mínimo 30 minutos.
- Carga-limite do teste. Verificar o tipo de laje em balanço. Há lajes em balanço nas quais, pela sua largura estreita, não se prevê a futura presença de pessoas. Há lajes em balanço mais largas e com acesso pelo andar interno, para as quais se prevê a possibilidade de futura presença de espectadores.
- Uma prova de carga deve durar no mínimo cerca de dois dias.

O rompimento de lajes em balanço é um fenômeno que pode não dar sinais prévios. É um tipo de colapso sem avisos.

Cuidado geral. Só se fazem testes de prova de carga em lajes em balanço com alguma suspeição. Em face disso, devemos tomar todos os cuidados com a presença de pessoas e cuidados com os profissionais. Equipamentos de proteção individual (EPI) são obrigatórios. Sempre conduzir os testes com acréscimos progressivos de carga. Interromper o teste se acontecerem sinais de proximidade de colapso estrutural.

Cuidados. O certo é que todos os profissionais envolvidos com o teste tenham seguro de vida contra acidentes.

Notas do autor Manoel Henrique Campos Botelho:

1) Pelo exposto neste trabalho sobre lajes em balanço, este autor sugere que a ABNT gere uma norma específica sobre prova de carga para lajes em balanço, incluindo um roteiro detalhado sobre uma prova de carga específica para lajes em balanço, seja na fase de construção, uso e manutenção, possibilitando uma eventual aprovação por uma prefeitura, no caso de uma laje suspeita de mau estado estrutural.
2) Sugere-se que as prefeituras criem leis para provas de cargas para novos prédios com esse tipo de laje. As associações municipais de engenheiros, arquitetos e de tecnólogos muito poderiam colaborar (profissionalmente) para esses testes.
3) Os trabalhadores da construção da laje em balanço e os que vão executar a delicada prova de carga devem usar EPI.

Mostra a experiência humana que, havendo prova de carga em lajes em balanço ao término da obra e antes de sua aceitação pela prefeitura, as lajes em balanço tenderão a ser mais bem construídas. Não se esqueçam da regra eterna: *"O olho do dono é que engorda o rebanho"*.

Não nos esqueçamos da necessidade de manutenção dessas lajes ao longo do tempo. Isso passa a ser responsabilidade dos proprietários das edificações e de cada prefeitura.

Nota

Como prova de que os usos de provas de cargas não são sempre solicitados por prefeituras para liberar o uso de lajes em balanço, citemos dois códigos de edificações do município de São Paulo. São eles:

- lei do município de São Paulo nº 8.266 de 20 de junho de 1975; e
- lei do município de São Paulo nº 11.228.

Ambas as legislações não citam a necessidade do uso de prova de carga para a prefeitura liberar novas obras para uso. Todavia, baseado no chamado "Direito de Príncipe", ou seja, um direito superior e que independe de legislação, no caso de estruturas com suspeitas ou estruturas de características inovadoras, a prefeitura pode exigir a prova de carga ou um parecer de especialistas, no caso de ela não ter um quadro de profissionais especialistas.

Como curiosidade, numa cidade de porte médio foi construída uma central de lojas, toda com estrutura de madeira. A prefeitura do local exigiu, pela não especialidade do seu quadro técnico interno, um laudo de um especialista de notório saber, para autorizar a utilização da central de lojas pelo público, diante da sua especialidade construtiva (estrutura de madeira).

Caso se opte por executar provas de cargas, a ABNT tem a seguinte norma:

- Norma ABNT NBR 9.607:2012, "Prova de carga estática em estruturas de concreto armado".

Nota curiosa do autor

Na antiga edição da NBR 6.118 do ano de 2003 – estamos neste ano de 2021 e a norma atual é a da emissão 2014 –, no seu item 25.3.2, à página 187, consta uma recomendação sobre ensaio de prova de carga para estruturas em geral de concreto armado. Na versão 2014 nada consta sobre esse teste.

9. Perguntas recebidas e as suas respostas

Vejamos algumas perguntas e respostas produzidas na fase de criação deste texto. Perguntas:

1) Alguma prefeitura coloca restrições à construção de lajes em balanço de grandes larguras?

Resposta:

Na internet descobrimos uma informação sem fonte de que uma prefeitura colocou o valor de 2,0 m como a largura máxima a se aceitar na construção de novas lajes em balanço. Um engenheiro muito preparado em cálculo estrutural ponderou que, por razões estruturais, não há razão em limitar a largura de lajes em balanço. Só se a restrição for por razões urbanísticas.

Nota do autor

Ver, à página 90 deste texto, a inacreditável história da construção, no ano de 1926, de uma laje em balanço com 22,4 m de largura.

2) Pergunta o leitor A. T. V.: "Sou um jovem profissional atuando em uma prefeitura de uma pequena/média cidade em população. Apesar de formado, reconheço que tenho deficiências no assunto "projetos estruturais de concreto armado". Concretamente, não entendi o assunto de que a laje em balanço apresentada é um modelo. O que acontece se a outra laje tiver outras dimensões, mas tendo em planta formato retangular?"

Resposta:

Excelente pergunta, caro leitor A. T. V. Sua dúvida pode ser a dúvida de vários outros leitores. Logo, respondendo a você, eu ajudo vários outros colegas.

Recordemos que a chamada "laje-modelo", ou seja, uma laje em que, por razões exclusivamente didáticas, eu procurei ser minucioso na explicação, tem as seguintes medidas em planta:

Caso nº 1

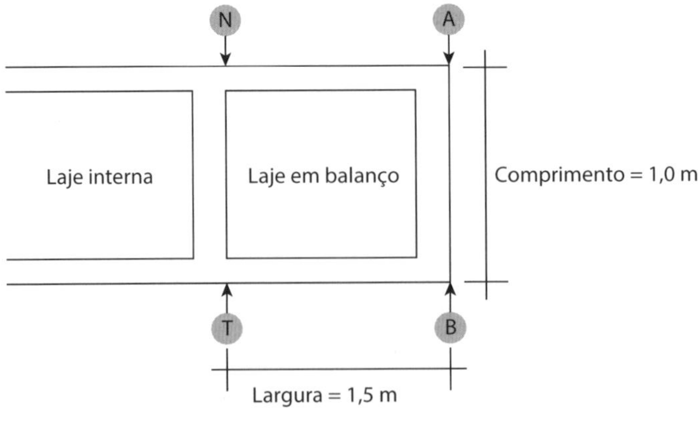

Planta

Vejamos duas alternativas (Caso nº 2 e Caso nº 3):

Casos		
Dados	**Largura**	**Comprimento**
nº 2	1,5	2,45
nº 3	2,2	1,85

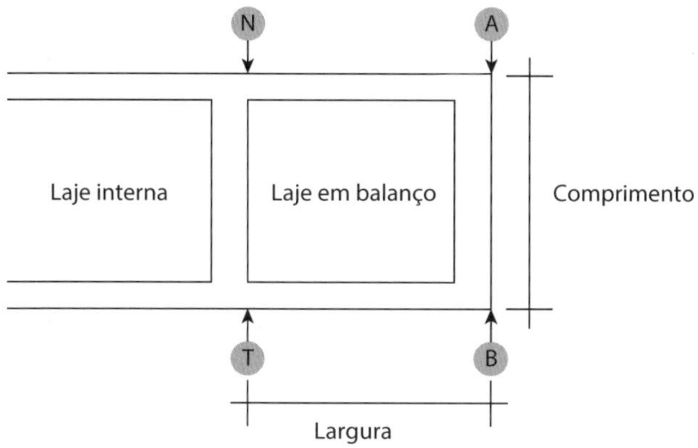

Planta

Vamos ao caso nº 2. O vão (largura) a vencer pela laje em balanço que chamamos de largura é o mesmo do caso nº 1, ou seja, de 1,50 m, mas agora o comprimento é maior, ou seja, é de 2,45 m, e não mais 1,0 m. Notar que no dimensionamento estrutural da laje do Caso nº 1 só usamos no cálculo o valor da largura (vão) de 1,50 m. Logo, para esse Caso nº 1, o comprimento da laje não interessa no dimensionamento da taxa de armadura. No Caso nº 2 a taxa de armadura principal é rigorosamente igual à taxa de armadura do Caso nº 1.

Essa taxa de armadura será usada em todo o comprimento dessa laje do Caso nº 2, e o mesmo ocorre com a armadura de distribuição, sem cálculo.

Vamos agora para a laje do Caso nº 3, e tudo vai mudar agora, pois vamos usar outra largura (vão), possivelmente solicitado pelo arquiteto dessa laje.

Seja a laje do Caso nº 3.

A largura da laje agora é de 2,20 m.

Notar que mudou o comprimento: antes (Caso nº 1) esse comprimento era de 1,0 m e agora é de 1,85 m. Essa mudança não altera o dimensionamento, pois para o dimensionamento o que interessa é o valor do vão (largura) a vencer, e ele agora passou a 2,20 m. Admitiremos a mesma carga acidental, mas o peso próprio aumentará em face do aumento da largura (vão).

Façamos para o Caso nº 3 o cálculo da taxa de armadura que deverá ser maior, pois o peso a sustentar será maior, em face do aumento da largura.

Essa nova taxa de armadura será distribuída ao longo de todo o comprimento de 1,85 m, que, aliás, não entrou nesse novo cálculo de dimensionamento, pois no dimensionamento o que pesa é o peso maior da laje causado pelo aumento da largura.

Ou seja, no dimensionamento das lajes em balanço só é levado em conta:

- A largura (vão da laje a vencer) e o consequente maior peso próprio.
- A carga acidental (máximo de pessoas em cima da laje) fixada pela norma de carga.
- A espessura da laje, que não aumentou, pois, por nossa inteira vontade, mantivemos a espessura de 10 cm. Poderíamos ter aumentado a espessura para 11 cm ou 12 cm e com isso economizaríamos na taxa de armadura, mas preferimos manter 10 cm.

Acho que agora tudo ficou mais fácil de entender, caro leitor A. T. V.

3) Pergunta algo irritada (!!!!!!) da leitora M. D. H., que ministra aulas num colégio técnico de edificações na cidade onde mora. "O autor MHC Botelho nada disse, mas deveria ter dito, sobre a escolha da espessura a usar nas lajes em balanço. O autor simplesmente disse que a espessura da laje modelo seria de 10 cm. Por que escolheu 10 cm? Poderia ter escolhido uma espessura menor ou uma espessura maior? E as consequências dessas outras espessuras? Solicito uma resposta e que não seja evasiva. Afinal na propaganda do texto dizia que o estilo do texto seria botelhano..."

Resposta:

Cara leitora M. D. H.

Paz.

Em referência à norma 6.118, no item 13. 2.4.1, temos:

- No mundo das lajes em balanço temos duas exigências específicas, ou seja, no mínimo espessura de 0,10 m e o "γn".
- O aumento da carga de dimensionamento pela introdução de um novo e maior, coeficiente de majoração de acordo com o item 11.7.1, na página 64, coeficiente de carga (denominado coeficiente de ajustamento), em face do

valor da espessura usada, e quanto menos espessa, em face do coeficiente "γn", maior a carga, ou seja, é um critério de aumento de segurança.

Notar que a norma NBR 6.118, à página 74, apresenta espessuras das lajes em balanço de até 19 cm.[1] Eu limitaria meus projetos dessas lajes em 12 cm, de espessura "h". Destaco que lajes em balanço com 12 cm de espessura aceitam o valor de peso de veículos de até 30 kN, lembrando que:

$$30 \text{ kN} = 30.000 \text{ N} = 3.000 \text{ kgf}$$

Dentro, pois da limitação da espessura dessas lajes, ficando na faixa de espessuras de 10,0 a 12,0 cm, eu teria que usar um coeficiente adicional de carga conforme a tabela a seguir:

h [cm]	10	11	12
γn	1,45	1,40	1,35

Digamos que eu escolhesse a espessura da laje de 12 cm. O coeficiente adicional, chamado pela norma de coeficiente de ponderação, seria de 1,35. Lajes convencionais maciças têm coeficiente de carga de 1,4. Na laje em balanço, quando escolhemos livremente a espessura, por exemplo, de 12 cm, o novo valor do coeficiente de carga será:

$$1{,}4 \times 1{,}35 = 1{,}89$$

Quanto ao mais, é livre para o projetista estrutural escolher a espessura da laje, sendo que lajes mais espessas pesam mais, mas o coeficiente adicional diminui e em lajes menos espessas o coeficiente adicional "γn" aumenta. É como a questão da fixação do fck. O projetista estrutural pode escolher livremente o fck para estruturas de concreto armado. Pode ser fck = 20 MPa, fck = 25 MPa ou fck = 30 MPa, e para obras provisórias aceita-se fck = 15 MPa. Como curiosidade, na norma NB-1 de 1978, antecessora da NBR 6.118, o fck mínimo era de 9 MPa.

4) Pergunta do leitor A. A. B., de Taubaté (SP). "Comprei e estou morando em um apartamento que tem duas varandas, isso que a norma chama de lajes com um balanço ou o nome que você usa de laje em balanço. O prédio é de grande altura, ou seja, ele tem dezesseis andares. Cada laje em balanço de cada apartamento tem

[1] Sem indicação de que seja a espessura máxima aceitável.

uma captação de águas pluviais que acredito serem ligadas a uma possível canalização geral do prédio. Só que não consigo ver onde as águas pluviais captadas saem na rua,[2] como, entendo, seria o correto. Ajude-me, Prof. Botelho. Para onde vão as águas pluviais coletadas e dirigidas a essa tubulação geral do prédio? Águas pluviais podem evaporar????"

Resposta:

Como as águas pluviais não evaporam e não são dispostas na calçada ou no leito carroçável (sarjeta), temo que essa tubulação pluvial geral do prédio se conecte, por incorreta economia do construtor incorporador, na tubulação de esgotos sanitários do prédio. Essa e outras ligações clandestinas de águas pluviais são o motivo pelo qual, quando chove, a vazão de esgotos aumenta enormemente!!! Um erro urbanístico, sem dúvida. O certo é, em prédios com lajes em balanço, havendo captação, laje em balanço por laje em balanço, serem as águas pluviais endereçadas à tubulação exclusiva de águas pluviais, tubulação essa do condomínio, e as águas pluviais, por essa canalização, devem ser despejadas na sarjeta da rua.

5) **Pergunta do leitor A. N. F, de Santa Catarina: "Ao fazer a inspeção de uma laje em balanço, sob alguma suspeita, qual o valor-limite da preocupação com as fissuras?"**

Resposta:

A melhor resposta está na NBR 6.118, item 13.4.2, na página 79. Ela diz:

> *"Limites para fissuração e proteção das armaduras quanto à sua durabilidade.*
>
> *A abertura máxima característica 'wk' das fissuras, desde que não exceda valores da ordem de 0,2 mm a 0,4 mm (conforme tabela nº 13.4, da norma nº 6.118) sob a ação das combinações frequentes, não tem importância significativa na corrosão das armaduras passivas."*

Nota nº 1 da pergunta nº 5: Armaduras passivas são as armaduras das estruturas de concreto armado. As armaduras chamadas de ativas são as armaduras do concreto protendido.

[2] O correto é jogar as águas pluviais coletadas na sarjeta da rua, e não na calçada.

Nota nº 2 da pergunta nº 5: O símbolo “wk” significa:

- w – assunto fissuras;
- k – estatístico, médio.

Nota nº 3 da pergunta nº 5: lendo a norma NBR nº 6.118, nota-se que a própria norma diz que o assunto “fissuras” é tratado de forma preliminar, tentativo e aproximado. A norma está sendo honesta com seus leitores. Parabéns.

Nota nº 4 da pergunta nº 5: Na Tabela nº 13.4 da página 80 da norma citada está explícito que, conforme aumenta a agressividade do meio ambiente (dos índices CAAI a CAAIV), as exigências relativas à fissuração aumentam. Em ambientes pouco agressivos (CAAI) aceitam-se fissuras até 4 mm. Em ambientes muito agressivos (CAAIV) a tolerância para fissuras cai para 2 mm.

Contribuição do Eng. Nelson Newton Ferraz:

> *Quando sou chamado em prédios de apartamentos ou de escritórios, como perito para casos de fissuras, mais importante do que tentar medidas com extensômetro é, como primeira atitude, para orientar o diagnóstico inicial, preencher as fissuras com camada de gesso e esperar uns dias. Se o enchimento com gesso não romper, o caso, possivelmente, é de pequena gravidade. Se a camada de gesso se romper, vamos nos preocupar e avançar no estudo e no desenvolvimento do diagnóstico.”*

6) Pergunta do leitor A. H. B.: “Eu conheço, da sagrada Resistência dos Materiais, a expressão numérica do momento fletor de uma viga engastada de um lado e em balanço na outra extremidade.

$$\mathbf{M = \tfrac{1}{2} \times p \times L^2}$$

onde “p” é a carga e “L” a largura.

Mas eu não entendo como se usa a mesma expressão numérica para o cálculo do momento fletor de uma laje retangular, também com um lado engastado e o lado oposto em balanço e os outros dois lados sem apoio. Como se pode usar a fórmula de uma viga no caso

de uma laje? Viga é viga e laje é laje. Não entendi. Favor explicar. A promessa era de que o texto seria botelhano, ou seja, fácil de entender e, no caso, eu não entendi..."

Resposta:

Caro A. H. B., em determinados casos uma laje pode ser plenamente associada a uma viga com maior largura. É o caso de uma laje tipo laje em balanço (laje com um balanço). A viga e a laje funcionam igualmente do ponto de vista estrutural. $M = 1/2 \times p \times L^2$, onde "M" é o momento fletor na borda engastada CD, "p" é a carga em kgf / m^2 e "L" é o valor da largura, e será a largura que definirá o valor do momento fletor no engastamento.

Calcula-se a laje como tendo a largura no caso e comprimento de 1,0 m, e resulta uma taxa de armadura por metro. Se o comprimento for, por exemplo, de 2,7 m, a taxa de armadura calculada será repetida ao longo dos 2,7 m e, se o comprimento da laje for de 0,6 m, outra vez a taxa de armadura será aplicada, agora num comprimento menor, ou seja, gastaremos menos armadura do que no caso de o comprimento for de um metro.

7) **Pergunta do leitor N. V. O: "As lajes em balanço e os coeficientes de segurança no dimensionamento das estruturas. É realmente verdade que a sacrossanta NBR 6.118 em determinadas situações exige que se usem seis diferentes coeficientes de segurança no dimensionamento estrutural de lajes em balanço?"**

Resposta:

É. Em determinadas situações, para dimensionar estruturalmente lajes em balanço precisaremos usar **seis** coeficientes de segurança, ou seja, como a norma os denomina, "coeficientes de ponderação".

A norma ABNT NBR 6.118, no seu item 12.4.1, na página 71, estabelece para o dimensionamento de toda e qualquer estrutura de concreto armado três coeficientes de ponderação (1, 2 e 3 a seguir), antigamente chamados de coeficientes de segurança. E ainda há os coeficientes indicados nos itens 4, 5 e 6 a seguir.

1) Concreto: $\gamma_c = 1{,}4$, ou seja, uma estrutura de concreto armado cujo concreto valha fck (valor médio) igual a digamos "X" MPa deve, para ser usado no dimensionamento estrutural, esse valor "X" MPa dividido (portanto, reduzido) pelo fator de redução 1,4.
2) Aço: $\gamma_s = 1{,}15$, ou seja, uma armadura de aço (CA 25, CA 50 ou raramente CA 60), para ser usada no dimensionamento estrutural, o valor médio da resistência à tração será dividido pelo fator de redução 1,15.

3) Ações = cargas acidentais + peso próprio: Seu valor estabelecido na norma deve ser majorado (multiplicado) pelo fator 1,4.

4) Para a execução de elementos estruturais nos quais estejam previstas condições desfavoráveis – por exemplo, más condições de transporte, adensamento manual (ainda muito usado em todo o país) ou ainda concretagem deficiente por concentração de armadura –, o coeficiente 1,1 deve multiplicar o coeficiente 1,4, ou seja, aumenta o coeficiente de segurança do concreto para (1,4 × 1,1) = 1,54.

5) Obras de pequeno vulto, chamadas, na minha opinião por falha da norma, de obras de pequena importância (para mim, obra aonde vai gente sempre tem importância), o coeficiente de segurança do aço deverá ser multiplicado por 1,1, ou seja, modifica-se o coeficiente de segurança do aço para 1,15 × 1,1 = 1,265, diminuindo, portanto, no cálculo a resistência do aço.

6) Especificamente para as lajes em balanço (lajes em balanço) a norma 6.118 exige no seu item 13.2.4.1, página 74, um coeficiente adicional gn, que varia desde o valor 1,45 até 1,00, dependendo da espessura a adotar na espessura da laje em balanço. Nesse item da norma se esclarece que: "O coeficiente adicional γ_n, deve majorar os esforços solicitantes (entende este autor como carga acidental + peso próprio)".

   Logo, em determinados casos, para o dimensionamento estrutural de lajes em balanço deve-se considerar **seis coeficientes de segurança (coeficiente de ponderação)**.

8) Pergunta do leitor E. P. B: "Peço dizer algo sobre os pilaretes e a cinta que os liga".

Resposta:

Pilaretes. Deve haver um pilarete em cada um dos quatro cantos da laje em balanço retangular. Cada pilarete deve ter seção quadrada, com cerca de 15 cm de cada lado. Em cada pilarete deve ter duas barras verticais de 8,0 mm cada, e três estribos ao longo de sua altura. Sobre os pilaretes deve haver uma cinta de concreto armado, de seção quadrada também com 15 cm de cada lado, solidarizando o conjunto de pilaretes. As duas barras verticais de cada pilarete devem penetrar na laje com uma espessura mínima de 5 cm. Para melhor amarrar os ferros verticais dos pilaretes com a laje na extremidade de cada barra dentro da laje deve haver abas de cerca de 5 cm horizontais.

9) Pergunta do jovem leitor Antenor, de Nipoã (SP): "Senhor professor. Antes do uso de lajes em balanço, como se produziam locais de nível superior onde algumas pessoas se juntavam dentro de um edifício para olhar o movimento nas calçadas e nas ruas, principalmente em dias de festas e comemorações? Estou me referindo à época do Brasil Colônia e Brasil Império".

Resposta:

Dizem os velhos sábios, que janelas abertas para a área pública, como ruas e praças, eram as antecessoras das atuais televisões em termos de comunicação humana. Para permitir que muitos assistissem ao que acontecia nas ruas, em prédios de vários andares, surgiram os chamados balcões, antecessores das lajes em balanço.[3] Só surge a solução que denominamos de laje em balanço quando o uso das estruturas de concreto armado se popularizou, ou seja, já no século XX. Quando não existia a possibilidade de uso de estrutura de concreto armado, ou seja, até o final do século XIX, a solução alternativa era a construção dos chamados balcões. Um balcão é uma estrutura que se destacava da edificação usando uma pequena plataforma de madeira, apoiada em duas ou mais vigotas de sustentação. As vigotas de sustentação eram de pedra, ou de madeira de alta capacidade de resistência, por exemplo, a peroba. O cuidado estético do balcão era importante e as vigotas de pedra tinham sua extremidade trabalhada, de forma a valorizar a beleza.

Como um exemplo marcante da importância dos balcões, veja-se a foto a seguir, onde para cada janela externa havia um balcão. Nessa época, e mesmo depois, havia duas classificações de pedreiros. Uma classificação era o pedreiro comum de hoje em dia, e havia também o pedreiro especializado e com enorme cuidado com o belo, como se fosse um artista. Era chamado o "pedreiro frentista" que não cuidava de fazer paredes e muros. O "pedreiro frentista" só trabalhava na frente das edificações. Nessa época já produzíamos peças de aço em pequenas siderúrgicas e era muito possível, que as muretas antiqueda dos balcões fossem feitas de aço, um gradil metálico com recortes estéticos.

Veja as fotos adiante, sendo a primeira da edificação carioca do Paço Imperial. Em cada janela havia um balcão e os cuidados estéticos da frente da edificação são um destaque.

[3] As lajes em balanços usam como elementos de resistência do concreto armado a armadura que é ligada a uma parte resistente interna de uma edificação. Tanto as lajes em balanço como a ligação com a estrutura interna da edificação usam nessa ligação (amarração estrutural) as barras de aço.

10) Pergunta do Engenheiro e Professor Adão, professor de uma escola de engenharia (particular) de uma cidade do interior do Brasil, cidade com cerca de 250.000 habitantes. O Prof. Adão, assim como outros colegas, recebeu uma edição zero deste texto para comentários preliminares: "Eng. Botelho – Li seu texto sobre lajes em

balanço e gostei. Tomei então a decisão de criar mais um exemplo numérico de dimensionamento dessas lajes, fazendo a comparação de duas alternativas de uso de tipos de aço, o aço CA 50 (o mais usado) e o CA 25. Fiz a comparação dos dois casos. Peço verificar se o texto está correto e se está didático, quase um texto botelhano. Autorizo a divulgação do meu texto, se ele agradar":

Dimensionamento de uma laje em balanço, segundo duas alternativas de uso de tipo de aço. Dados da laje em estudo com duas alternativas:

- Largura: 1,70 m.
- Comprimento 2,3 m.
- Carga acidental (caso específico): 280 kgf/m^2 = 28 MPa/m^2.
- Laje em balanço de planta retangular engastada em laje interna a um grande prédio.
- Espessura constante h = 15,0 cm.
- Ambiente fortemente agressivo (ambiente próximo a uma indústria poluidora), d = 12 cm, portanto espessura de proteção da camada de concreto igual a 3 cm e, portanto, h = 15 cm.
- fck = 20 MPa.

Nesta **primeira alternativa** usaremos o aço CA 50. Ver desenhos a seguir mostrando esses dados.

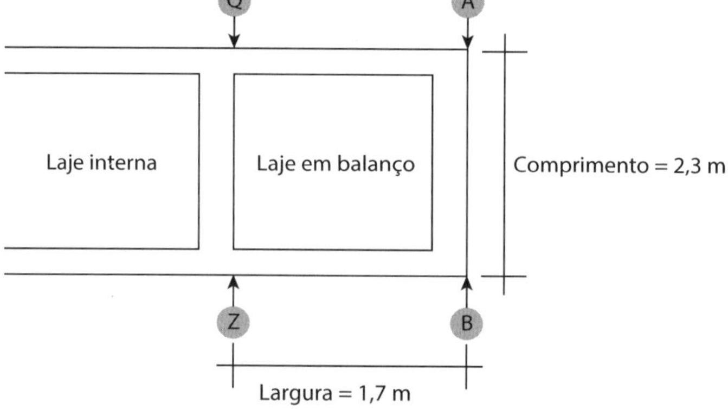

Planta

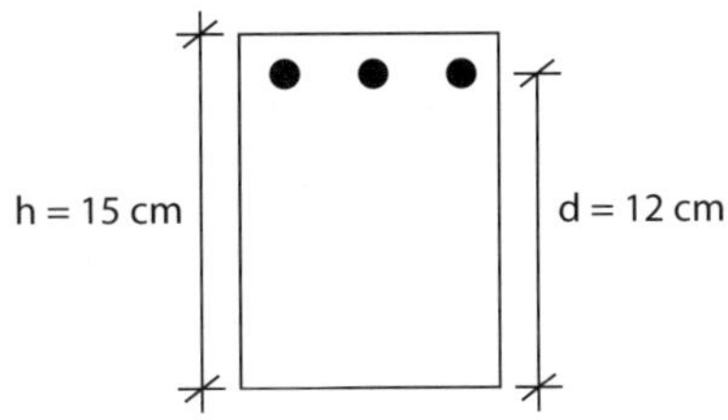

Corte

Cálculo da carga de dimensionamento (peso próprio + carga acidental) para o primeiro trecho de 1,0 m de comprimento.

280 kgf/m^2 + 1,0 (comprimento padrão) × 1,70 m (largura) × 0,15 m (espessura) × 2.500 kgf/m^2 (peso por área de estrutura de concreto armado) = 280 + 637,5 = 917,5 kgf/m^2.

Como escolhemos (opção do projetista estrutural) altura de laje (espessura "h" de 15,0 cm) para essa laje em balanço, deveremos multiplicar ainda essa carga pelo fator[4] = 1,2 (ver a norma 6.118, item 13.2.4.1, da Tabela 13.2, para o caso dessa espessura h = 15,0 cm).

Logo a carga de dimensionamento será:

$$917{,}5 \times 1{,}2 = 1.101 \text{ kgf/m}^2$$

Vamos calcular o momento fletor na borda "ZQ" onde deve ocorrer o engastamento (que assim seja... rezemos).

O cálculo do momento fletor "M" no engastamento é dado pela sempre respeitável e sagrada Resistência dos Materiais, sendo p = 1.101 kgf/m^2:

$$M\ (QZ) = \tfrac{1}{2} \times p \text{ x } L^2 = \tfrac{1}{2} \times 1.101 \text{ x } 1{,}7 \times 1{,}7 = 1.590 \text{ kgfm}$$

Momento fletor no engaste da laje em balanço com a laje interna

Esse é o momento fletor na borda "ZQ" ao longo de todo o seu comprimento, que é de 2,30 m (dado do problema), mas estamos calculando a taxa de armadura por metro de comprimento.

Vamos usar para o dimensionamento a tabela do Prof. Eng. Mario Massaro Jr., a mesma tabela usada no livro *Concreto armado eu te amo*, volume 1, e também usada no livro *Concreto armado eu te amo para arquitetos*.

4 Também chamado de "fator de pavor" em face de tantos acidentes com as lajes em balanços, que às vezes, com o tempo, podem ocorrer, principalmente em casos de mau uso e/ou falta de manutenção.

Essa tabela também é conhecida como a Tabela do k_6 e k_3.

Nessa tabela as unidades a serem usadas são: momento fletor em "tcm" e espessura da estrutura em centímetros. Essa regra é específica para essa tabela e tem como origem a produção da tabela.

Então M (ZQ) = 1.590 kgfm = 159,0 tcm

Como primeira providência, e lembrando que usaremos fck = 20 MPa = 200 kgf/cm² e aço CA 50, calcularemos o coeficiente k_6 (que não tem unidades):

Olhando na tabela de dimensionamento do Prof. Mario Massaro: $k_6 = bw \times d^2 / M = 100\ cm \times 12 \times 12 / 159{,}0 = 90{,}5$ (ver página 50, deste texto).

Com $k_6 = 90{,}5$, na tabela de dimensionamento, coluna CA 50, k_3 resulta aproximadamente 0,347.

Com o valor de k_3 igual a 0,347 podemos calcular a taxa de armadura do aço CA 50 por metro de comprimento da borda "ZQ".

A_s (área de aço, pois em inglês aço é steel e daí vem o s).

$$As = k_3 \times M / d = 0{,}347 \times 159 / 12$$

$A_s = 4{,}59\ cm^2$ por metro de borda "QZ", taxa de armadura alta (também chamada de armadura negativa).

Vamos agora escolher o diâmetro da barra de aço e com essa escolha resulta o espaçamento das barras de diâmetro escolhido.

Consultemos a Tabela Mãe (página 51 desse texto). Para atender ao valor da taxa de armadura de 4,59 cm²/m, podemos usar 6 barras de 10 mm de diâmetro, ou 4 barras de diâmetro 12,5 mm, pois nos dois casos superamos a taxa de 4,59 cm²/m. Há uma velha regra[5] de que, nas peças em flexão, como nas lajes em balanço, o espaçamento máximo das barras principais seja de 20,0 cm. No caso de barras de 10,0 mm, usaremos 100 / 6 cm, o que dá 16,6 cm de espaçamento barra com barra.

Observação: Sigamos a norma NBR 6.118, no seu item 20.1, à página 169; ela exige que o diâmetro mínimo da barra de armadura seja de h / 8, ou seja, 100 / 8 = 12,5 mm.

5 Velha regra não é verdade. A sacrossanta NBR 6.118 de 2014, no seu item 20.1, à página 169, exige 20 cm como espaçamento máximo entre barras principais.

Passemos à **segunda alternativa**, usando aço CA 25, que tem a metade da resistência do aço CA 50, ou seja, o aço CA 50 tem melhor qualidade produtiva que o aço CA 25, embora a qualidade produtiva do aço CA 25 seja plenamente aceitável.

Digamos então que, por razões didáticas, eu simulasse o uso do mesmo caso usando o aço CA 25 e tudo o resto permanecesse igual, incluso o uso do fck = 20 MPa.

Seguramente como as exigências (esforços estruturais) são iguais e o aço tem agora menos resistência, os cálculos de dimensionamento mostrarão a necessidade de uma maior quantidade em kgf de aço.

Façamos os cálculos nesta segunda alternativa:

$$k_6 = bw \times d^2 / M = 100 \times 12 \times 12 / 159 = 90{,}5$$

Olhando na mesma tabela em que são mostradas as colunas de k_3 para os aços CA 25 e CA 50, analisemos a coluna do aço CA 25, à página 49.

Com k_6 igual a 90,5, resulta $k_3 = 0{,}67$.

Calculemos "A_s" com o coeficiente $k_3 = 0{,}67$:

$$As = k_3 \times M / d = 0{,}67 \times 159 / 12 = 8{,}87 \text{ cm}^2/\text{m}$$

Comparemos os resultados das duas alternativas na tabela a seguir.

Momento Fletor [tcm]	d [cm]	Aço	k_6	k_3	A_s [cm^2 / m]
159	12	CA 50	90,5	0,347	4,6
159	12	CA 25	90,5	0,67	8,87

Como visto, ao usar um aço menos resistente (CA 25) fomos obrigados a usar mais aço (8,87 cm^2/m), se comparado com o uso de aço 4,6 cm^2/m que o aço CA 50 exige.

Nota

Neste exemplo fizemos a comparação do uso alternativo de duas classes de aço, um de maior capacidade de resistência (CA 50) e outro de menor capacidade de resistência CA 25. Simulação comparativa semelhante poderemos fazer com o uso do concreto fck 20 MPa e o concreto 25 MPa.

Pensamento do Prof. Azevedo Netto, autor do livro *Manual de hidráulica*:

"O exemplo numérico é um facho de luz,
num assunto de tecnologia da engenharia."[6]

Não cuidaremos neste texto de lajes em balanço ligadas estruturalmente a lajes internas a prédio com desnível, ou seja, a laje interna está mais alta que a laje em balanço. Nesses casos devemos usar tipos diferentes de posição das armaduras de ligação. Se não tomarmos esse cuidado, poderemos ter um catastrófico colapso estrutural. Siga, portanto, os desenhos de armadura como mostrado adiante, denominados encontros de laje em balanço em desnível.

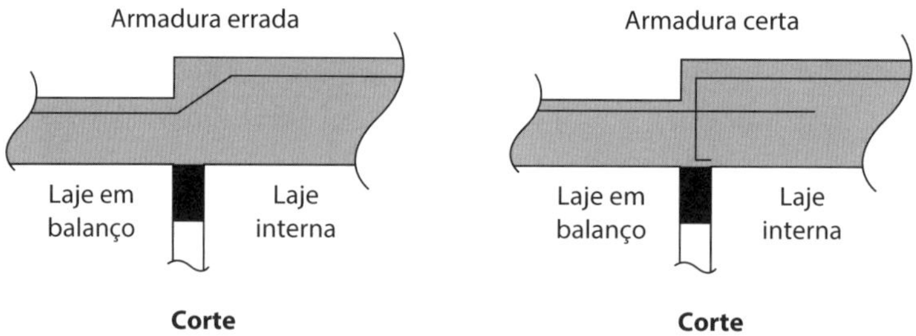

Fonte: Livro de respeitável professor de estruturas.

Nota

Sugerimos consultar na internet os seguintes sites: "Canal da engenharia", "Vida Engenharia" e outros, sempre sobre como evitar o terrível "empuxo em vazio", usando cuidadosamente a disposição de armaduras, antes de concretar.

---

[6] Nota nº 1: Não tenhamos preconceitos. É possível construir prédios de 30 andares com o uso do aço CA 25 no lugar do aço CA 50. É tudo uma questão de dimensionamento. É perfeitamente possível fazer longas viagens em um histórico automóvel "fusca" de 40 hp ou em um carro de 200 hp. Sabendo usar, apenas as viagens com o carro de 200 hp demandam tempo menor.

Nota nº 2: Não existe estrutura de concreto armado sem usar formas e escoramento.

Sugestões de materiais para essas estruturas:

- Formas: chapa de madeira marrom plastificada.
- Escoramento: pontalete de madeira pinho (comprada e, depois de usada, jogada fora) ou estrutura metálica alugada que, depois de devolvida à firma que a aluga, é realugada e reutilizada por terceiros.

11) Do leitor J. I. M., de Goiânia (GO): "Seja a laje em balanço a seguir e seu diagrama de momentos fletores. A borda em balanço é 'KN'. Nessa borda o momento fletor causada por carga externa é nula, mas aí já começa a nascer o momento fletor causado pelo peso próprio da laje e da carga externa (carga externa é a chamada carga acidental), assim chamada pela NBR 6.120. O crescimento vai até a borda 'PZ', onde ocorre o engastamento, ou seja, uma ligação estrutural com a laje interna do prédio. Se na borda 'KN' o momento fletor é nulo, por que todas as barras da armadura principal começam aí?"

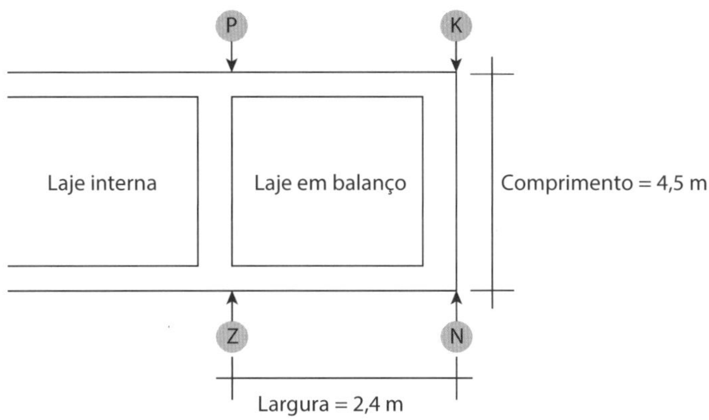

Planta

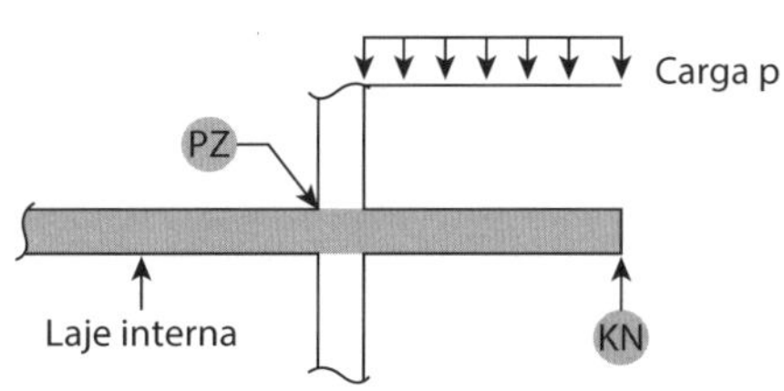

Corte

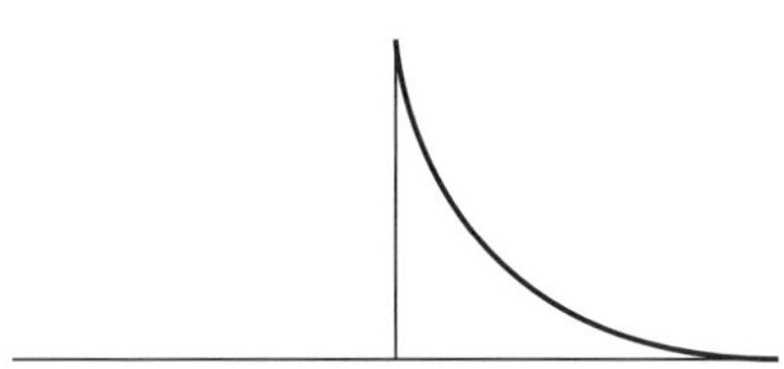

Momento Fletor no Engaste PZ

Resposta:

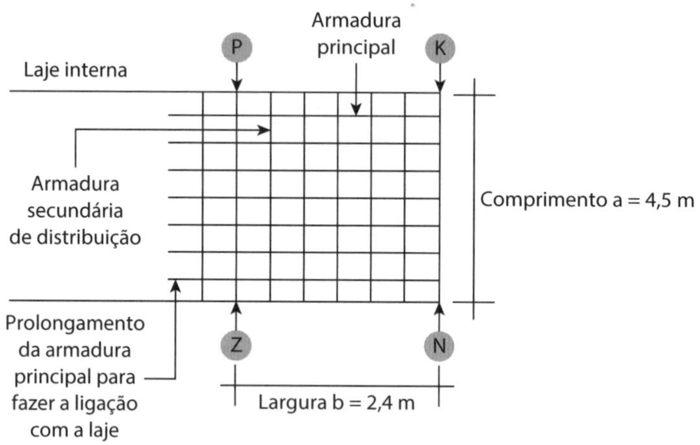

Planta

Nota do autor

Na obra deixar cerca de 5 cm de cobrimento de concreto nas barras de aço.

Realmente a armadura principal não precisaria começar na borda KN, pois aí o momento fletor é nulo. Mas a partir daí o momento fletor vai crescendo parabolicamente até o engastamento. Então, na prática, calcula-se a armadura principal no seu valor no engastamento e se coloca essa armadura ao longo de toda a largura da laje. Em termos de obra isso fica mais rápido de execução pela mão de obra, ou seja, economia. Poderíamos usar a seguinte distribuição de armadura economizando o uso do aço, mas com maior gasto de mão de obra. Quem deveria decidir isso seria o engenheiro de obra, que muitas vezes tem mais sensibilidade em custos do que o engenheiro estrutural.

Em lajes de "grande largura" seria correto, por exemplo, colocar-se algumas barras de aço sem chegar na extremidade da laje, como no desenho a seguir.

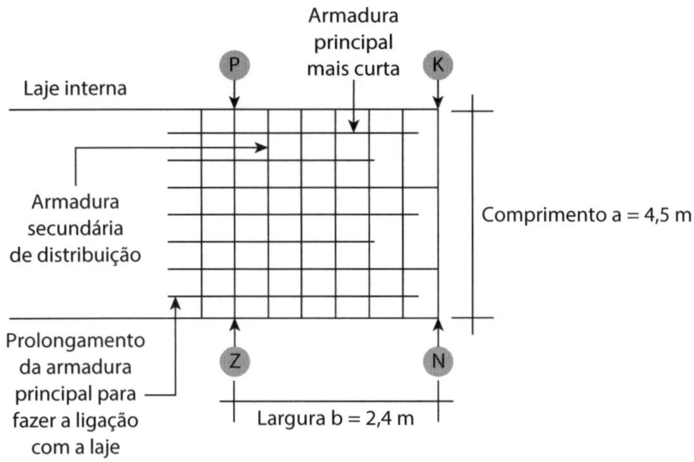

Planta

Adotando-se esse tipo de solução:

- Poderíamos economizar armadura, pois estas teriam alternadamente comprimentos maiores e menores.
- Exigiria maior trabalho e cuidado com a mão de obra para atender a essa alternativa de comprimentos de armadura principal.

Em termos de custos de armadura e trabalho de mão de obra, valeria a pena?

Nota do autor

Em um grande conjunto de prédios com lajes em balanço com grande largura (b) e comprimento (a) talvez valesse apena. A melhor pessoa a ser consultada não seria o projetista estrutural, e sim o engenheiro da obra, que tem mais sensibilidade no assunto "custos".

12) Perguntas do Eng. e Prof. Miranda Junior, atuante na cidade de Botucatu (SP) e cidades próximas:

- "As armaduras devem ser detalhadas com cuidado no projeto de forma que, durante a execução, seja garantido o seu posicionamento durante a concretagem?"

Resposta:

Depende da qualidade e experiência do líder da obra e do grau de experiência da mão de obra. Mão de obra com experiência e bem conduzida faz obras excelentes.

- "Qualquer barra da armadura de flexão deve ter diâmetro no máximo igual a h / 8?"

Resposta:

Em vários exemplos deste texto usamos na armadura negativa (a principal) o diâmetro de h / 8 = 100 mm / 8 = 12,5 mm. Verificar.

- "As barras da armadura principal de flexão devem apresentar espaçamento no máximo igual a 2h ou 20 cm, prevalecendo o menor desses dois valores na região de maiores momentos fletores?"

Resposta:

Cuidado deve ser obedecido. Essa exigência vale para toda a estrutura.

- "A armadura deve ser prolongada no mínimo 4 cm além do eixo teórico do apoio?"

Resposta:

Intervenção algo furiosa do Eng. Alcebíades, que declarou:

> *"As obras da construção civil não admitem esse preciosismo dimensional; na obra a dimensão de 4 cm é igual a 5 cm e isso é avisado até pelo metro de pedreiro que indica a medida 5 cm, com algarismo maior que a indicação de 4 cm. A única parte de uma obra que deve usar medidas com maior precisão é nas alturas de uma escada, onde a permanência de uma mesma altura, andar por andar é obrigatório por uma questão de segurança do usuário".*[7]

- "A armadura secundária de flexão deve ser igual ou superior a 20% da armadura principal, mantendo-se ainda um espaçamento entre as barras de no máximo 33 cm. A emenda dessas barras deve respeitar os mesmos critérios das emendas das barras da armadura principal?"

Resposta:

Notar que no assunto 4 o espaçamento máximo entre barras principais é de 20 cm e para barras secundárias é de 33 cm.

---

[7] Opinião do autor sobre a crítica do Eng. Alcebíades. Em obras com ligação de perfis metálicos, o diâmetro dos furos pode chegar a ter dimensão expressa em décimos de milímetros. Essa precisão é necessária por razões de encaixes dos perfis metálicos.

13) Pergunta do leitor H. V. C., de São Paulo (SP): "Colega autor deste trabalho sobre lajes em balanço anteriormente chamadas de lajes marquise. Dá para você me diferenciar os tipos e as funções de cada tipo de armadura usada nas estruturas de concreto armado?"

Resposta:

- **Armadura principal**. Como o próprio nome indica, é a armadura chave para o bom funcionamento estrutural. Normalmente ela decorre de cálculos. No caso de lajes e vigas, a armadura principal pode estar em posição baixa (e então é chamada de armadura positiva) ou em posição alta (e então é chamada de armadura negativa), mas as expressões positiva e negativa não são expressões matemáticas, são apenas denominações. Poderiam ser usadas as expressões armadura cinza e armadura amarela.
- **Armadura secundária**. Armadura complementar à armadura principal. Se prevista no projeto estrutural, deve ser seguida. No caso de lajes em balanço elas são colocadas ortogonalmente à armadura principal e dão uma integração de funcionamento às lajes.
- **Armadura de distribuição**. Outra possível denominação de armadura secundária.
- **Armadura positiva**. Expressão válida para armaduras colocadas em posição baixa em lajes e vigas.
- **Armadura negativa**. Expressão válida para armaduras colocadas em posição alta em lajes e vigas.
- **Armadura construtiva**. É uma armadura útil durante o início da vida da estrutura e que poderia ser retirada depois da concretagem por não ser mais necessária. Na prática não é retirada e sempre ajuda um pouquinho no funcionamento estrutural. Exemplo: barra porta estribos.
- **Armadura porta estribos**. Armadura importante para ser amarrada com o famoso aço 18 para deixar os estribos na posição vertical, pois sem ela os estribos poderiam se inclinar.
- **Armadura de pele**. Também chamada de armadura de costela. Armadura para prevenir fissuras em vigas de grande altura. Ver na norma NBR 61.188 o prescrito no item 17.3.5.2.3 à página 132.
- **Armadura passiva**. É a armadura das estruturas de concreto armado. Ela só começa a sofrer esforços depois de carregada.
- **Armadura ativa**. É a armadura das estruturas de concreto protendido. Antes de receber cargas a armadura sofre tração. Essa armadura em trabalho comprime a estrutura.

- **Armadura de costura**. A chamada armadura de costura é uma armadura complementar colocada na estrutura no caso de dois lances de concretagem (na junta de concretagem) para aumentar a solidariedade do trabalho das duas partes da junta. Ver na norma NBR 6.118 o seu item 21.6, à página 178. A norma não dá critérios para essa armadura e então podemos recomendar quatro pequenas armaduras de 5 mm com extensão cada uma de 5 cm, metade de cada lado das lajes a serem ligadas estruturalmente.
- **Armadura de cinta**. Armadura colocada em cintas no ponto alto de paredes. Usar diâmetros de pequeno diâmetro.
- **Armadura transversal**. Também denominada de estribo. Nas vigas os estribos são verticais e nos pilares os estribos são horizontais.
- **Mossa**. Saliência em barras de aço para aumentar o funcionamento conjunto (atritado) concreto e armadura.
- **Armadura de arranque**. Trecho de armadura em concretagem em duas fases para amarrar o concreto da primeira etapa de concretagem com o concreto da segunda etapa de concretagem. Ver item 22.6.4.1.2 da NBR 6.118, à página 190.
- **Armadura de suspensão**. Ver item 18.3.6 da norma. É uma armadura colocada junto à ocorrência de grandes cargas em vigas. A norma NBR 6.118 não fornece critérios de dimensionamento.

10. Fotos comentadas de lajes em balanço

O autor percorreu cerca de 1,5 km de uma rua comercial de uma certa cidade de porte médio em termos de habitantes. Ele não tinha a mínima noção de que numa extensão tão limitada iria encontrar tantos "causos" e casos interessantes (ou tenebrosos) de lajes em balanço. Concluiu que o assunto lajes em balanço é muito mais importante do que ele imaginava quando iniciou o trabalho de preparação deste texto.

Uma dúvida ficou: como pode existir numa cidade de porte médio, num bairro de classe média, tantos problemas a exigir correções urgentes ou acauteladoras, seja da prefeitura municipal como de cidadãos (proprietários)???????????

Comentários sobre a fotografia adiante:

- Na calçada (em péssimo estado) há sinais de umidade e fazia dois dias que não chovia. A umidade talvez fosse devida ao acúmulo de água de chuva na laje, que ia pingando, pingando...
- Há sinais de umidade em volta de toda a mureta guarda-corpo, aumentando a suspeita de acumulação de águas de chuva. Sinais escuros no concreto possivelmente indicam infiltração de águas de chuva.
- Há portas que se abrem ao longo da laje em balanço dando acesso a usuários, o que preocupa mais ainda.

Apresento-lhes uma fotografia do Jockey Club do Rio de Janeiro, com uma vista especial das Tribunas dos Sócios, que foi construída em 1926. Na oportunidade o cimento foi importado da Dinamarca, tendo sido utilizadas nessa construção aproximadamente 4.000 ton de cimento.

A laje que protege os espectadores que ficam na Tribuna dos Sócios mede em planta 60,00 m de comprimento por 31,00 m de largura. Somente a laje em balanço mede 60,00 m de comprimento por 22,40 m de largura, e possui ainda uma borda curva. Foi sem dúvida alguma uma construção excepcional para a época e digna de registro até hoje. A viga de sustentação da laje em balanço tem altura de 2,60 m.

Na oportunidade, apresento um esquema de corte do projeto original, em que podem ser vistas as diversas camadas de materiais que compõem o solo do local de implantação.

Vista da Tribuna dos Sócios do Jockey Club do Rio de Janeiro.

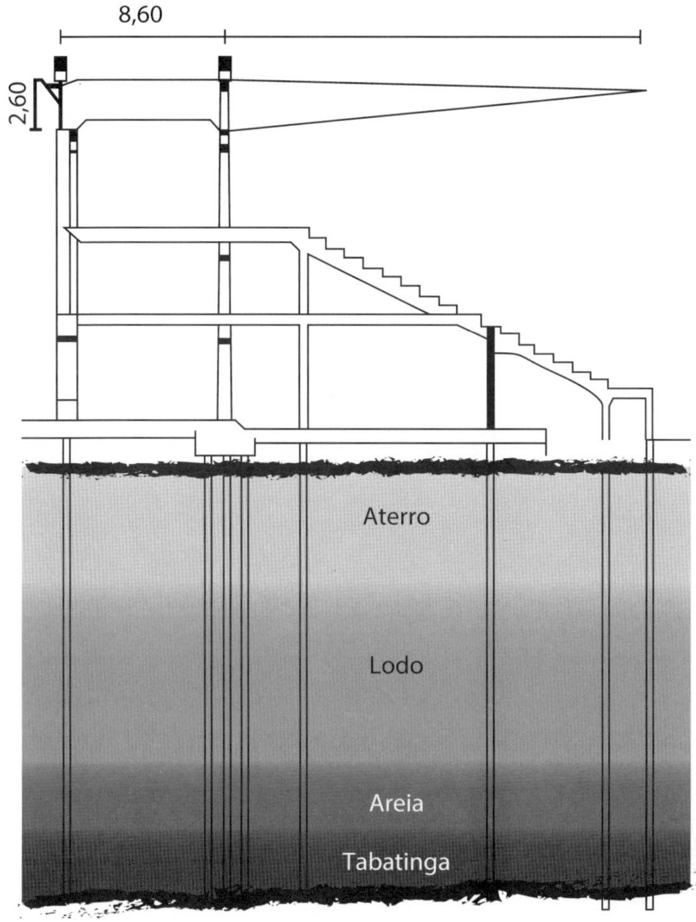

Corte da laje do Jockey Club do Rio de Janeiro.

Como referência de pesquisa, indico o livro *Concreto no Brasil* do Prof. Augusto Carlos Vasconcelos, volume 1, de 1985, às páginas 169 e 170. Nesse livro conta-se a história dessa laje em balanço que foi recorde mundial nessa época (1926).

11. Crônica – O "arame 18" do concreto armado, usado para amarrar barras, e mais uma historieta do teatrólogo William Shakespeare

Uma crônica do Eng. Manoel Henrique Campos Botelho.

Eduardo, leitor do texto sobre lajes em balanço de autoria do Eng. Botelho, mandou um e-mail alertando o autor do texto sobre um exagero na apresentação de assuntos sobre as lajes em balanço, especificamente sobre o famoso arame 18, que amarra o encontro de duas barras. Afinal o assunto "arame 18" não mereceria tanta importância, diz o leitor.

A resposta do Eng. Botelho foi a seguinte.

Dizem que a crônica a seguir é de autoria atribuída a William Shakespeare, o teatrólogo inglês, e ela tem um texto que analogicamente mostra a importância de algumas coisas simples.

Faz muito tempo, em um país da Europa, o já idoso Rei Athaxerxes percebeu que o fim da vida se aproximava e, tendo três filhas e nenhum filho, decidiu escolher qual filha o sucederia. Como escolher entre as três filhas se todas eram igualmente amadas pelo rei?

Talvez orientado por um mago de nome Nerlim, decidiu fazer uma competição entre as três filhas. A competição era perguntar às três filhas qual gostava mais do velho pai. A primeira a ser inquirida foi a filha mais velha, de nome Nehusa, conhecida como a mais voraz de todas. Foi ela perguntada pelo seu pai:

– Nehusa, como é o rei seu pai para você?

A resposta foi clara e objetiva, característica de uma pessoa voraz:

– Meu pai, o senhor é para mim como o brilhante sol que nos acorda todos os dias e nos ilumina na procura de justas decisões.

O rei apreciou bastante a resposta da filha mais velha.

Fez então a mesma pergunta à filha do meio, de nome Nathalia, apelidada por outros como a dissimulada.

– Nathalia, como é o rei seu pai para você?

Agora a resposta da filha número dois foi:

– Amo o senhor meu pai como quem ama esta terra, terra de gente honesta, trabalhadeira, hospitaleira e religiosa.

O rei ficou apenas parcialmente satisfeito com a resposta da filha número dois.

Finalmente perguntou à terceira filha, de nome Auhgusta, famosa pela sua timidez, insegurança e pouca iniciativa. A pergunta foi a mesma feita às duas filhas já inquiridas e a resposta, depois de passados dois dias de reflexão (mostrando talvez a talvez insegurança e timidez da filha), foi:

– Amo ao senhor meu pai como amo o sal de cozinha.

O rei se enfureceu com a surpreendente resposta e despachou a filha Auhgusta para fora do ambiente real e a encaminhou para a cozinha do castelo, onde iria ser uma simples cozinheira.

Auhgusta, por causa de sua timidez, aceitou humildemente o cargo e começou a preparar a comida para todos do palácio e para o rei seu pai. Mas Auhgusta tomou uma iniciativa e passou a <u>não mais colocar sal na comida</u>. Em poucos dias todos perceberam que a comida passou a ficar sem gosto, algo insuportável...

O sábio Rei Athaxerxes chamou a filha e perguntou-lhe, agora uma simples cozinheira, por que a comida estava agora insossa e não apreciável. A resposta da filha Auhgusta foi:

– O sal é fundamental para a vida e ele nos faz apreciar algo tão importante como a alimentação. O sal é importantíssimo para a vida dos seres humanos e até para os animais.

O sábio Rei Athaxerxes, ele que nesta história é sábio, não nos esqueçamos, percebeu a indireta da resposta da filha e então valorizou a resposta surpreendente da filha Auhgusta, e, com isso, escolheu por um decreto real essa filha para ser sua sucessora no trono. Foi uma decisão rápida e urgente, pois, dois meses depois do decreto real, com a indicação de Auhgusta, o Rei Athaxerxes faleceu e, como o reino não podia ficar sem comando, a agora Rainha Auhgusta de pronto assumiu.

Para surpresa de todos os súditos, a agora Rainha Auhgusta, tida como tímida, insegura e de pouca iniciativa, emitiu o seu primeiro édito com duas cláusulas que diziam:

1) A antiga Princesa Nathalia está banida para outro reinado, reinado herege, que nem respeitava a religião sagrada do reinado do antigo Rei Athaxerxes.

2) A antiga Princesa Nehusa, famosa por sua avidez e sonho pelo trono real, foi condenada a morrer enforcada, fato que aconteceu em uma semana e sem direito de apelação ou clemência real.

Notem que, por respeito à irmã, esta foi enforcada, e não guilhotinada, como era a prática, e a razão do enforcamento foi a de não manchar com sangue real (que dizem ser sangue azul) o cadafalso. Convenhamos, respeito é respeito...

O segundo édito da Rainha Auhgusta definiu o produto **"sal de cozinha"** como símbolo da nova Casa Real que assumira o poder. O bruxo da corte, que se chamava Nerlin, alcançara o cargo em um concurso público que tinha tantas exigências que só ele concorreu. Nerlin, para homenagear a rainha e sua sábia, lúcida e ponderada decisão de escolher o sal de cozinha como símbolo real, inventou um símbolo mágico e iniciático para o sal de cozinha, que foi **"NaCl"**, e depois o alquimista da corte (também escolhido por concurso público com ele como o único candidato[1]) avisou que a invenção na verdade era dele e o bruxo Nerlin tinha surrupiado a ideia.

Esta é a crônica atribuída a William Shakespeare, embora não se saiba se é ou não verdade, mas, quanto a esse teatrólogo inglês, nem se tem certeza se ele existiu ou não, se foi ou não o autor dos textos teatrais a ele atribuídos, e é como o também famoso Rei Artur, que não se sabe também se existiu ou não...

Finalizando, o Eng. Botelho respondeu ao leitor Eduardo:

– A importância do arame 18 nas obras de concreto armado para amarrar barras de aço é tão verdadeira como o sal de cozinha é importante na preparação da comida do dia a dia.

[1] Na verdade, houve dois candidatos ao concurso, e não só um, mas o segundo candidato apareceu morto, um dia antes da data do concurso.

12. Estamos terminando este texto sobre lajes em balanço

Acredito que uma conclusão é razoável de se tirar deste texto.

O assunto lajes em balanço é pouco conhecido por jovens profissionais e talvez pouco valorizado em algumas prefeituras municipais.

Em face disso, vamos expulsar o demônio que não ensina e não orienta coisas importantes da construção civil.

Graças ao Eng. Alcebíades, o livro do gaúcho Prof. João Baptista Pianca, à apostila do Eng. Mario Massaro Filho, e àquilo que este autor conversou com os colegas, mestres de obras e à internet, muitas informações ficaram agora disponíveis.

Vale sempre lembrar o seguinte pensamento que orientou este e muitos outros trabalhos do autor:

Caminhante

Te informamos que não há caminhos,

Os caminhos se abrem ao caminhar...

E sempre deixe uma vela acesa, depois de atravessar um trecho escuro...

13. O que há para ler

Citamos e recomendamos como referências:

- Norma da ABNT 9.607, "Prova de carga em estruturas de concreto armado e protendido" (lamentavelmente não citada na norma mãe NBR 6.118 de 2014).
- NBR 6118 de 2014, "Projeto estrutura de concreto".
- NBR 13.752, "Perícias de engenharia na Construção Civil".
- NBR 14.718 de 2019, "Esquadrias – guarda corpo para edificação. Requisitos, procedimentos e métodos de ensaio". Nota: A altura mínima do guarda-corpo é de 1.100 mm, ou seja, 1,10 m.
- Tese da Unicamp *Prova de carga em estruturas de concreto*, de Clayton Reis de Oliveira, 2006. **Excelente**.
- Norma 7.808 de 1983, "Símbolos gráficos para projetos de estruturas da ABNT", assim como a norma 7.191 de 1982, "Execução de desenhos para obras de concreto simples e armado da ABNT".
- NBR 9.574, "Execução de impermeabilização".
- Normas do DNIT não relacionadas com em balanço, mas relacionadas com técnicas de provas de carga em estruturas da construção civil DNIT 055 e DNIT 410.
- Texto da internet "Teste de capacidade de carga em lajes", do Eng. Almeida Guimarães – e-mail: sergio@almeidamagalhães.com.br. **Excelente**.
- Texto (**excelente**, "e põe excelente nisso") existente na internet "Em balanço – Por que algumas caem?", de Marcelo H. F. Medeiros, Mauricio Grochoski, publicado na *MEDEIROS, Marcelo H.F. de; GROCHOSKI, Mauricio. Marquises: por que algumas caem? São Paulo, Revista Concreto, vol. 12, n. 24, p. 10-17, 2007.*
- Publicação *Análise da estrutura acabada*, do respeitado Eng. Augusto Carlos Vasconcelos, (SINDUSCON - Boletim de Práticas de Construção, n° 7, São Paulo, out. 1988), apoiando-se na norma NB-1 de 1978, então vigente.
- NR 18 – Norma do Ministério do Trabalho sobre segurança na construção civil.
- *Manual de concreto armado* – Volumes 1 e 2, publicados pela editora Nobel, Prof. Mario Massaro Jr.

Sugestão: Contatar, para ser orientado em sistemas de impermeabilização, o Instituto Brasileiro de Impermeabilização, situado na Av. Queiroz Filho, nº 1.700, sala nº 507, CEP 05319-000 e telefone (11) 32 55 25 06. No site dessa instituição (https://ibibrasil.org.br) é possível ver a gravação "Como evitar problemas futuros decorrentes de impermeabilizações de forma inadequada".

O Eng. Manoel Henrique Campos Botelho tem realizado palestras e cursos em Semanas de Engenharia e Semanas Universitárias em todo o Brasil.

☺ Contato com o autor. Ele adora...

Eng. Manoel Henrique Campos Botelho

e-mail: manoelbotelho@terra.com.br

O autor tem o maior interesse em saber a opinião dos leitores sobre este texto ligado ao assunto "lajes em balanço".

Favor endereçar sua avaliação para o e-mail acima.

Outra possibilidade é preencher o questionário a seguir e enviar para o e-mail indicado.

Questionário

Livro "ABC das lajes em balanço"

1) O que achou deste texto?

 Fraco..........  Regular........  Bom.........  Ótimo........

Pontos principais de sua análise:

....

....

....

2) Quais outros assuntos relacionados com a engenharia civil poderiam ser abordados numa ampliação deste texto?

....

....

....

....

3) Depois de ler este texto, você acredita que entendeu e aprendeu como funcionam e são calculadas as lajes em balanço?

....

....

4) Agora, por favor, forneça os seus dados. Eles são muito importantes:

Nome:...

....

Título profissional:...

Ano de formatura........................

Endereço:...

....

N°... Complemento..

Cidade:...Estado:............................

CEP:.......................-...............

e-mail:...

Data................/.................../.....................

5) Se desejar, conte-nos casos e causos sobre lajes em balanço que você acompanhou:

....

....

....

GRÁFICA PAYM
Tel. [11] 4392-3344
paym@graficapaym.com.br